시
골
의

발
견

시골의 발견

가든 디자이너 오경아가 안내하는
도시보다 세련되고 질 높은 시골생활 배우기

오경아 글·그림 ─ 임종기 사진

궁리
KungRee

시골은 다시 발견되어야 한다!

어린 시절 나는 시골에서 논두렁 밭두렁을 뛰어다니며 놀았다. 그러다 미끄러져 논에 빠지면 온몸은 흙투성이가 되었다. 진흙을 뒤집어쓴 내 모습이 그저 재미있게만 느껴졌던 그 시절. 이미 수십 년이 흐른 지금의 내 기억은 단편적이고 자세하지도 않지만 그때의 기분은 마치 밀봉된 잼 뚜껑을 열 때처럼 매번 생생하다. 이것이 내가 '봄'이라는 단어와 함께 떠올리는 영상이다.

나의 두 딸을 떠올려본다. 그 아이들에게 '봄'이라는 영상은 어떤 것일까? 뿌연 회색 하늘 아래 마스크를 긴 채 황사와 미세먼지를 조심하고, 건조한 바람이 피부를 갈라놓을까 수시로 수분공급제를 얼굴에 뿌리고, 매연 때문에 차창을 열지 못해 갑작스럽게 뜨거워진 차 안을 다시 에어컨으로 식히는…… 그런 봄은 아니었으면 좋겠다는 생각이 간절해진다. 끊임없이 도시에서 멀어져 점점 더 시골로 가까워지려했던 이유가 이것이었을지도 모른다. 그리고 지금의 나는 동해 끝자락 속초에 자리를 잡았다.

속초에 자리를 잡은 뒤 내게는 더할 나위 없는 고마운 시간이 흘러간다. 이렇게 살아도 될 일을 왜 그토록 도시를 떠나는 일에 힘겨워하고 어려워했을까

싶기도 하다. 이곳을 방문해주는 여러 지인들이 "나도 이렇게 살면 좋겠다!" 라고 예의 반, 진심 반의 부러움을 말할 때도 있다. 하지만 "그렇게 하시면 되죠?"라는 나의 반문에는 모두 고개를 젓는다. "에이, 우리는 안 돼요. 우리는 부지런하지도 않고 어떻게 이렇게 관리하면서 살아요. 또 먹고살아야 하는데 뭘 하고 살겠어요. 시골에서!!" 그 두려움과 걱정이 무엇인지를 너무 잘 안다. 같은 이유로 나 역시도 얼마나 많은 망설임의 시간을 보냈던가! 하지만 정말 이런 우려와 걱정으로 소망해왔던 시골에서의 삶을 포기해야 할지는 한 번쯤 다시 생각해봐야 할 것이다.

농업이 생산(1차 생산)에만 그치지 않고, 가공(2차 가공), 유통(3차 서비스)이 한꺼번에 이뤄졌을 때, 이 모든 것을 더해 '6차 산업'이라는 신조어를 쓴다. 우리 시골에도 최근 이 6차 산업의 개념이 활발히 도입되고 있다. 그러나 농산물의 가공은 여전히 전문성이 많이 떨어지고, 서비스와 유통은 단순히 '체험학습장'의 차원을 넘어서지 못하는 경우가 대부분이다. 이렇게 아직 우리의 시골이 낙후성을 벗어나지 못하는 데는 투자와 유지라는 경제적 문제점도 작용하지만, 무엇보다도 어떻게 세련된 시골 문화를 만들어낼 것인가에 대한 근본적인 고민과 공부와 노력이 부족하기 때문은 아닐까라는 생각을 하게 된다.

최근 유럽의 시골에는 많은 변화가 찾아오고 있다. 단순히 농작물을 재배하고 그것을 도시로 공급하는 차원을 벗어나, 스스로 농작물의 브랜드를 만들고 도시인들을 찾아오게 하는 새로운 개념의 농장과 미술관, 관람용 정원, 가든센터 등이 오래전부터 체계적으로 자리를 잡아오고 있는 것이다. 덕분에 쇼핑의 개념도 달라지고 있다. 도시의 초현대적 건물에 입점한 쇼핑몰이 아니라 시골에 자리 잡는 쇼핑몰이 속속 생겨나고 있다. 그 안에는 시골 농장에서 생산한 양질의 먹을거리는 물론이고, 식물과 정원 용품을 판매하고 질 좋은 음식을 제공하는 레스토랑도 함께 있다. 또 멀리서 찾아오는 도시인들을 위해 숙소 제공도 필수적이다. 그런데 이런 복합적인 시설과 판매 방식이 자연적이고 소박하지만 결코 누추하거나 초라하지 않다. 오히려 반대로 진정한 고급스러움을 잘 보여주고 있다. 그곳에서 내가 발견한 것은, 도시의 그 어떤 세련됨보다 고급스러웠던 시골 문화이다.

이 책 『시골의 발견』은 시골 문화가 어떻게 잘나가는 사업으로 이어질 수 있을지, 도시보다 더 질 높은 삶을 시골에서 어떻게 펼쳐낼 수 있을까에 대한 답을 나 자신부터 찾아보자는 취지에서 시작되었다. 조금 더 최신 정보를 얻고자 2015년 취재를 위해 영국과 유럽의 오르가닉 농장과 팜마켓 30여 곳을 직접 찾아 다녔고, 그러면서 혼자 알기에는 아까운 정보들을 많이 알게 되면서, 나처럼 시골생활을 꿈꾸지만 뭔가 시작하기에는 막연하기에 용기를 내지 못하는 분들께 도움을 줄 수 있겠구나 생각했다. 물론 여기에 소개된 유럽 시골의 문화와 새로운 농장의 모습들이 반드시 정답일 수는 없다. 유럽과 우리는 문화적 토양이 다르기에 우리에게 적용하기 위해서는 또 다른 연구도 분명 필요하기 때문이다. 하지만 무엇보다 우선은 시골을 다시 발견하는 가능성에 대한 설렘부터가 그 첫걸음이지 않을까 한다. 우리나라처럼 '농자천하지대본(農者天下之大本)'이라는 말을 국가의 슬로건으로 갖고 있는 나라는 그리 많지 않다. 아무리 잊었다고 해도 우리는 유전자 속에 농업, 시골을 기억하는 민족이기도 하다. 그 잃어버렸던 농업과 시골의 세포를 일깨우는 계기가 이 책을 통해 이뤄지길 바란다. 더불어 이 책이 시골생활을 꿈꿔왔지만 그 한 걸음을 떼기가 힘들었던 분들에게 "그래! 나도 한번 용기를 내보자!" 하는 데 작은 힘이나마 보탤 수 있다면 더할 나위가 없겠다.

끝으로 가든 디자이너로서의 큰 꿈도 꾸어본다. 지난 수 년 동안 우리나라 전국 곳곳의 많은 정원을 디자인하는 복을 누렸다. 하지만 그 시간은 아직도 여전히 정원과 그 문화에 낯설어하는 우리나라의 한계를 깨닫게 하고, 앞으로도 나아가야 할 길이 참 멀겠구나 싶어 안타깝기도 한 그러한 날들이기도 했다. 이미 변해버린 주거 환경에서 우리가 놓쳐버린 많은 것들을 되살릴 방법은 없을까? "진정한 정원 문화의 출발점은 시골에 있다!" 7년을 공부하며 살았던 영국에서 그들에게 배운 것은 정원 문화의 화려한 꽃은 도시가 아니라 시골에서 피어난다는 것이었고, 그 시골의 문화가 도시마저도 아름답게 변화시키고 있다는 점이었다. 아름다운 풍경 앞에 우리의 마음과 정신도 아름다워지는 것은 당연한 일이다. 그래서 우리의 환경이 변하면 지금의 우리도 분명 그 환경만큼 아름답고 평화로워질 것이라고 믿는다. 우리의 시골도 그러할 수 있지 않을까? 아니 우리 민족이야말로 유럽의 그들보다 더 아름답고 행복한 시골을 만들어낼 수 있을 것이라는 즐거운 꿈을 꾸어본다!

2016년 봄,
오경아

시골의 발견, 우리 몸에 꼭 맞는
시골 디자인의 발견

그림처럼 펼쳐진 산과 호수는 자세히 보면 우리와 다를 바 없다.
그런데 그 속에 지어놓은 집과 도로가 분명 우리와 다르다.
그림처럼 아름다웠던 스코틀랜드의 농장 가는 길,
호숫가에 수많은 집들이 들어선 이탈리아 코모섬,
프랑스 작은 마을의 포도밭,
산, 들, 호수와 함께 넘치지도 초라하지도 않게 들어서 있는
사람들의 집과 마을은 더없이 아름답다.

이렇게 아름다울 수 있는 시골 풍경이 언제부터인가 변하고 있다.
산과 들의 경치를 막는 아파트가 솟아오르고,
우리와는 어울리지 않는 낯선 박공 양식의 캐나다,
스위스의 목조집이 등장하고,
원칙 없이 빈틈마다 들어선 비닐하우스는 집을 압도하고,
정갈하게 정리되지 않은 우리네 시골 농가의 모습은
어디에 시선을 둬야 할지 모르게 되어버렸다.

도시계획이라는 학문이 있다. 인간이 만드는 도시를 어떻게 하면
살기 좋게 만들 수 있냐를 디자인으로, 기능으로 연구하는 일이다.
그런데 시골에도 계획과 디자인이 필요하다.
무엇을 지켜야 하고, 무엇을 새롭게 시도해야 하는지
많은 고민과 연구가 필요하기 때문이다.

우리의 삶이 아름다우려면
우리가 짓고 만드는 것 역시도 아름다워야 하고
이 아름다움은 그 지역의 산, 들, 호수, 바다와 어우러져야만 한다.
사라지면 안 되는 오래됨은 지키면서도, 생활을 진화시키는 일이 필요한 것이다.
그러기 위해서는, 우리 몸에 꼭 맞는 시골 디자인을, 다시 찾아야만 한다.

Contents

필라스 오브 허큘리스 농장

Pillars of Hercules Organic Farm

. . .

유트리 농장

Yew Tree Farm

. . .

데일스포드 오르가닉 농장

Daylesford & Bamford Organic Farm

. . .

리버포드 오르가닉 농장

Riverford Organic Farm

. . .

바이버리 송어 농장

Bibury Trout Fishery Farm

*1*부

농장이 달라지고 있다!
생산, 유통, 판매 체제를 갖춘 종합 농장 시대

Organic Farm

시골을 꿈꾸는 이들은 많다. 그러나 정작 도시를 떠나 시골로 가면 거기에서 우리는 무엇을 하며, 어떻게 살아갈 수 있을까? 이 고민의 해결 없이 시골에서의 삶을 무작정 꿈꾸는 것은 뜬구름 잡기일 수밖에 없다. 최근 우리는 열병처럼 농촌의 6차 산업 실현을 외치고 있다. 그런데 어떻게 해야 6차 산업을 제대로 이루어갈 수 있을까? 우리네 시골에서 6차 산업의 실현이 가지는 의미는 무엇일까? 그 해답을 6차 산업의 완성된 모습을 보여주는 유럽의 시골에서 찾아보는 것은 어떨까? 그들의 모습을 통해 우리 시골의 변화, 그리고 앞으로 나아가야 할 방향에 대해서도 발견할 수 있지 않을까, 설레는 희망을 가져본다.

Pillars of Hercules,
Scotland, UK

소박하지만 알찬 작은 농장의 힘
필라스 오브 허큘리스 농장

필라스 오브 허큘리스 농장은 1983년에 시작되었다. 원래는 1만 제곱미터(약 3,000평)의 면적이었으나, 지금은 6만 제곱미터(약 1만 8,000평)의 규모로 커졌다. 농장은 크게 채소를 키우는 비닐하우스 온실과 야외 밭, 그리고 사과나무를 키우는 과수원으로 구성되어 있다.

비닐하우스는 난방을 하는 재배동과 그렇지 않은 재배동으로 구별된다. 비닐하우스는 씨를 뿌려 싹을 틔워 일정 크기가 될 때까지 채소를 기르는 곳으로 사용되고, 일정 크기가 되면 채소를 야외 밭으로 옮겨 수확기를 맞을 때까지 관리한다. 주요 작물로는 채소류인 콩, 샐러리, 오이, 딜, 펜넬, 마늘, 케일, 대파, 호박 등이 있고, 과수원에서는 사과가 생산된다.

필라스 오브 허큘리스 농장은 살충제를 전혀 쓰지 않는 완전 유기농법 농장으로 유명하다. 이 유기농 방식을 지키기 위해 이곳 농장에서는 다양한 방법을 실험 중이다. 사과 과수원이 그중 하나로, 별도의 퇴비를 쓰지 않고 150여 마리의 암탉을 함께 키운다. 이 암탉들은 별도의 사료를 주지 않기 때문에 잡초를 먹고 '분'

을 남겨 다음 해 사과나무의 영양분이 되도록 한다. 대신 과수원을 크게 두 면적으로 나눠 한 해 동안은 닭을 넣어주고, 한 해는 풀만 자랄 수 있도록 관리한다. 뿐만 아니라 야외 밭에서 채소를 키울 때에도 살충제나 제초제를 쓰지 않는다. 이랑의 가운데에 키워낼 채소를 심고, 옆으로는 잡초가 자라도록 놔둔 뒤 일정 시기가 오면 잡초를 뒤집어 자연스럽게 잡초도 제거하고 흙을 덮어주는 멀칭 효과를 보게 하는 등의 유기농법을 개발하고 있다.

이런 완전 유기농법으로 재배되는 채소와 사과, 달걀은 수확량이 적기 때문에 대형 슈퍼마켓으로 출하시키는 방식이 아니라 소비자들의 인터넷 주문이나 필라스 오브 허큘리스 농장 내 판매소인 '팜마켓'을 통해 직접 판매한다. 때문에 소비자들은 직접 농장을 방문하거나 개인적인 주문을 해야만 필라스 오브 허큘리스 농장의 채소와 사과, 달걀을 구매할 수 있다. 이런 다소 번거로운 구입 방식에도 불구하고, 이 농장의 모든 생산물은 이틀을 넘기지 않고 모두 팔리는 것으로 알려져 있다.

채소의 씨앗을 발아시키는 비닐하우스

필라스 오브 허큘리스 농장에는 다섯 동의 비닐하우스가 있다. 이곳은 채소의 씨앗을 발아시키는 곳으로 매일 일정량의 채소 씨앗을 심고, 2주를 키운 후에 야외 밭으로 옮겨 심어 수확 시기가 될 때까지 키운다. 비닐하우스는 열을 넣어주는 난방 온실도 따로 있는데 이곳에서는 고추, 토마토 등의 따뜻함이 좀 더 필요한 채소를 키운다.

Polly Tunnel

씨앗은 작은 모듈판에서 키운 뒤 땅에 다시 심어준다. 채소의 이름과 씨를 발아시킨 날짜 등을 꼼꼼하게 적어둔다.

직접 만드는 유기농 퇴비

필라스 오브 허큘리스 농장은 퇴비를 직접 만들어 쓴다. 주로 사과 과수원에서 키우는 닭의 분과 레스토랑에서 나오는 음식 쓰레기, 밭에서 나오는 잡초와 버려지는 채소를 재활용한다.

야외 퇴비장과는 별도로 온실의 한쪽 구석에 마련된 퇴비장.

유기농 사과 과수원과 암탉의 방목

필라스 오브 허큘리스 농장의 유기농 사과 과수원. 풀로 가득 차 있는 과
수원에서 암탉들이 산다. 암탉은 이곳의 풀을 먹고 자라고 매일 150여
개의 달걀을 농장에 공급해준다. 그러나 1년이 지나면 이곳의 풀들이 거
의 사라지기 때문에 닭들은 1년 간 방치해두었던 다른 쪽 사과 과수원으
로 옮겨진다. 이 방식은 사과에게는 양질의 퇴비가 공급되고, 닭들에게
는 신선한 풀이 제공되기에 일거양득의 효과가 있다.

농장 내 팜마켓에서 판매하는 달걀.

식사를 제공하는 농장 레스토랑

소박하면서도 낭만적인 분위기가 물씬 풍기는 필라스 오브 허큘리스 농
장의 카페테리아. 아침과 점심 식사를 판매하는 이곳의 메뉴는 달걀 요
리와 토스트, 스프, 샌드위치, 음료 등으로 단출하다. 농장에서 직접 재배
하는 채소와 과일, 달걀을 사용하여 만드는 음식들은 신선하면서도 맛이
좋아 먼 곳에서도 찾아오는 사람들이 많다.

FARM NEWS

TODAYS SPECIALS

ROASTED VEGETABLE LASAGNE £9.50
TOPPED WITH PARMESAN AND SERVED WITH
PILLARS SALAD (DAIRY FREE PORTIONS AVAILABLE)

FRITTATA £6.95
WITH COURGETTE, FENNEL, BRIE AND BASIL
FILLING SERVED WITH PILLARS SALAD

레스토랑에서는 매일 농장에서 수확되는
신선한 재료를 이용해 '오늘의 특별 요리'를
선정하고 칠판에 그 메뉴를 써둔다.

Please Ask Staff About Allergen Advice

카페테리아 내부, 제공하는 음식의 메뉴가 칠판에 적혀 있다.

VEGGIE BEAN CHILLI
good and hot, with
pitta bread, salad
and cheese
6.95

GARLIC
MUSHROOMS
on chunky farmhouse
toast
4.50

HERCULEAN
SALAD
large bowl of fresh
seasonal salads, with
either smoked salmon
or cheese
8.60

CREPE du JOUR
made with buckwheat
flour – see specials
board for daily fillings
6.95

JUST for KIDS
fried egg on toast   2.5
beans + cheese on toast
banana + honey on toast
toastie / sandwich
soup and bread

Pillars breakfast available 10-12.30 / veggie breakfast 5.95 / poached or fried eggs on toast 4.20 / beans on toast 3.60 / muesli, yoghurt +

FRESHLY BAKED
FRUIT SCONES
SERVED WITH BUTTER AND
JAM
£2.50

농장에서 공급된 달걀로 만든 브런치 요리.

소박하지만 정감 있는 카페테리아 외부 모습.

FARM NEWS

Cafeteria

카페테리아의 작은 부엌 공간에 설치된 칠판에 적힌 메뉴는 간단한 브런치 메뉴가 전부다. 좁은 부엌에서도 충분히 만들어낼 수 있는 단순한 요리로만 구성되어 있다. 가격은 4.5파운드(약 8,000원)에서 8.60파운드(약 1만 5,000원)까지로 비교적 저렴하다.

농장 곳곳에 테이블을 갖춰 자연에서의 식사 분위기를 만들어낸다.

농장에서 생산되는 신선한 농산물을 직접 파는 팜마켓 ────────

최근 유럽에서는 슬로 푸드, 로컬 푸드 운동과 함께 팜마켓이 붐을 일으키고 있다. 팜마켓은 "Famer's Market"의 줄임말이다. 우리가 흔히 알고 있는 시장(Public Market)과는 다른 의미로 생산자가 직접 자신의 농축산물을 소비자에게 판매하는 곳이다. 팜마켓의 가장 큰 장점은 유통 과정의 단축이다. 농축산물이 생산지로부터 유통 판매소를 거쳐 소비자를 만나는 게 아니라 생산자에서 소비자로 직접 이어지기 때문에 유통의 시간과 경비가 줄게 되고, 소비자는 그만큼 신선하고 건강한 생산물을 구입할 수 있다. 특히 해당 농장 안에서 직접 운영하는 팜마켓의 경우 실제적인 농장 체험도 함께 제공하고 있어 큰 인기를 끈다.

농장에서는 매일 아침 수확물을 정리한다.

필라스 오브 허큘리스 농장에서는 생산된 농산물을 대형 슈퍼마켓에 납품하지 않고 직접 판매한다. 인터넷 주문이 들어오는 경우에는 종이 박스에 채소를 담아 택배 시스템을 이용해 소비자의 집으로 배달해준다. 이런 개별적인 주문 외에 남은 생산품은 농장에 있는 팜마켓에서 직접 판매한다. 대부분의 농산물은 이틀 이내로 판매가 완료되기 때문에 유통 기간이 긴 대형 슈퍼마켓과 달리 신선한 재료를 바로바로 살 수 있다. 이런 장점 때문에 농장은 단골 손님들로 늘 북적인다.

농사와 디자인

필라스 오브 허큘리스는 작은 농장이지만 생산하는 농산물에 대해 브랜드로서의 이미지를 만들어내는 데 적극적이다. 팜마켓에서 무엇보다 중요한 것은 품질 좋은 생산물을 판매하는 것이지만 그 외에도 이것들을 어떻게 전시하고, 어떤 봉투에 담아주고, 어떤 팻말을 달아 소비자의 눈길을 잡는가 중요한 요소가 된다. 이런 의미에서 농장의 이미지를 부각시키는 CI 혹은 BI의 작업이 필수적이기도 하다.

과일 판매대. 농장의 과수원에서 직접 생산한 것을 저렴하게 판매한다. 바구니와 가격 표시판 등의 디자인 구성이 친근하면서도 자연스럽다.

다양한 식료품의 판매. 직접 생산한 농산물 외에도 엄선한 요리의 소스나 재료, 주류를 판매하고 있다. 매장의 크기는 10평 정도로 크지 않지만 물건의 가짓수와 재료가 매우 다양하다.

CI vs. BI Design

CI Corporate Identity

기업의 정체성을 확립하는 작업으로 회사의 로고나 상징물 등을 통해 이미지화하는 작업이 포함된다. 농장의 경우에도 농장의 정체성을 상징적으로 표현해주는 로고의 작업이나 농장의 이름을 특정 이미지로 만드는 작업이 여기에 속한다.

BI Brand Identity

상품의 이미지를 부각시켜 소비자에게 각인되도록 만드는 것으로 상품 자체가 지닌 가치나 특징, 장점 등을 이미지로 부각시키는 작업이 포함된다.

필라스 오브 허큘리스의 CI와 BI. 종이 봉투 하나까지도 생산·판매자의 정성이 느껴진다.

팜마켓에서 팔고 있는 신선한 달걀. 옆에 있는 달걀 케이스에 직접 담아서 사갈 수 있다. 2.5파운드(약 4,000원).

Working Farm

한적한 시골에 있는 필라스 오브 허큘리스 농장은
난방 연료를 나무로 사용하기 때문에
겨울이 되기 전 나무땔감을 준비하는 것도
중요한 농장의 일이다.

오경아의 필라스 오브 허큘리스 농장 따라잡기

필라스 오브 허큘리스 농장은 스코틀랜드의 깊숙한 시골 마을에 위치해 있다. 인근의 마을로부터도 30분 이상 떨어진 외딴 곳이기 때문에 사람들이 찾아오기란 쉽지 않다. 때문에 농장 역시도 사람들이 많이 찾아오도록 유도하기보다는 오는 손님들을 잘 맞는 조금은 소극적 경영으로 팜마켓과 레스토랑이 운영 중이다.

농장은 크게 채소와 과일을 키우는 농장, 팜마켓, 찻집이 딸린 레스토랑, 숙박소로 구성되어 있는데, 모든 곳이 소규모로 작고 아담하다. 전반적인 건물 디자인과 인테리어에 저렴하면서도 자연스러운 소재가 사용되어 따뜻하고 친근한 이미지를 자아낸다. 카페테리아의 메뉴는 간단한 브런치 품목으로 버거, 스프, 샐러드 등이다. 메뉴판을 보고, 주문을 하고, 계산을 마치면 종업원이 직접 음식을 가져다 준다. 카페테리아의 테이블은 실내에 10개, 외부 정원에 10개 정도가 비치되어 있다. 팜마켓의 경우 이 농장에서 재배하는 채소와 과일이 주종을 이루고 그 외에 다른 회사의 유기농 상품도 약간씩 구비해놓았다. 유기농과 정원 관련 책을 판매하는 도서대도 따로 마련되어 있다. 숙박소는 인터넷과 전화로 신청이 가능하다.

필라스 오브 허큘리스 농장의 가장 큰 강점은 소박함과 건강한 유기농의 이미지다. 억지로 꾸미지 않은 소박함이 호감을 갖게 한다. 필라스 오브 허큘리스 농장의 가장 큰 수입은 채소 박스(농장에서 추천하는 신선한 채소와 과일을 상자에 담아 택배로 배달해주는 시스템)의 판매다. 여기에 팜마켓에서의 농산물 판매, 레스토랑과 게스트하우스 수입이 따른다. 전체 종원업 수는 마켓과 레스토랑에 2명, 농장에 정규직원 3명과 2명의 시간제 근무자가 있다.

필라스 오브 허큘리스 농장은 작지만 가족 농장으로서 규모 있는 6차 농업의 모델을 잘 보여준다. 자신들이 재배한 농산물을 직접 판매하고, 음식으로 만들어 팔고, 농장 체험이 가능하도록 숙박을 제공하는 시스템이 넘치지 않으면서도 안정적이다.

Information

Pillars of Hercules Organic Farm

Falkland, Cupar, Fife, KY15 7AD Scotland, UK

TEL: + 44 (0) 1337 857749

www.pillars.co.uk

Yew Tree Farm,
Lake District, UK

옛날 방식에 대한 믿음,
17세기 그대로의 유트리 농장

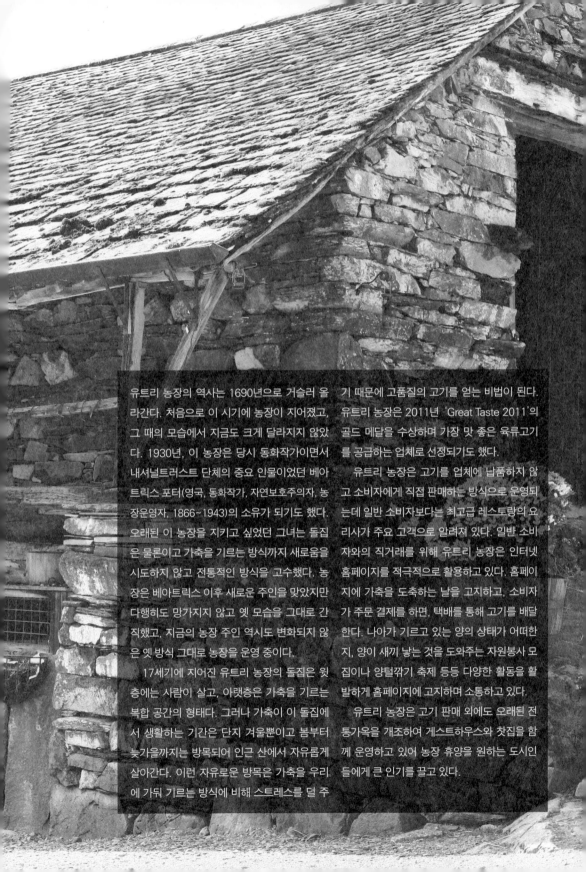

유트리 농장의 역사는 1690년으로 거슬러 올라간다. 처음으로 이 시기에 농장이 지어졌고, 그 때의 모습에서 지금도 크게 달라지지 않았다. 1930년, 이 농장은 당시 동화작가이면서 내셔널트러스트 단체의 중요 인물이었던 베아트릭스 포터(영국, 동화작가, 자연보호주의자, 농장운영자, 1866~1943)의 소유가 되기도 했다. 오래된 이 농장을 지키고 싶었던 그녀는 돌집은 물론이고 가축을 기르는 방식까지 새로움을 시도하지 않고 전통적인 방식을 고수했다. 농장은 베아트릭스 이후 새로운 주인을 맞았지만 다행히도 망가지지 않고 옛 모습을 그대로 간직했고, 지금의 농장 주인 역시도 변화되지 않은 옛 방식 그대로 농장을 운영 중이다.

17세기에 지어진 유트리 농장의 돌집은 윗층에는 사람이 살고, 아랫층은 가축을 기르는 복합 공간의 형태다. 그러나 가축이 이 돌집에서 생활하는 기간은 단지 겨울뿐이고 봄부터 늦가을까지는 방목되어 인근 산에서 자유롭게 살아간다. 이런 자유로운 방목은 가축을 우리에 가둬 기르는 방식에 비해 스트레스를 덜 주

기 때문에 고품질의 고기를 얻는 비법이 된다. 유트리 농장은 2011년 'Great Taste 2011'의 골드 메달을 수상하며 가장 맛 좋은 육류고기를 공급하는 업체로 선정되기도 했다.

유트리 농장은 고기를 업체에 납품하지 않고 소비자에게 직접 판매하는 방식으로 운영되는데 일반 소비자보다는 최고급 레스토랑의 요리사가 주요 고객으로 알려져 있다. 일반 소비자와의 직거래를 위해 유트리 농장은 인터넷 홈페이지를 적극적으로 활용하고 있다. 홈페이지에 가축을 도축하는 날을 고지하고, 소비자가 주문 결제를 하면, 택배를 통해 고기를 배달한다. 나아가 기르고 있는 양의 상태가 어떠한지, 양이 새끼 낳는 것을 도와주는 자원봉사 모집이나 양털깎기 축제 등등 다양한 활동을 활발하게 홈페이지에 고지하며 소통하고 있다.

유트리 농장은 고기 판매 외에도 오래된 전통가옥을 개조하여 게스트하우스와 찻집을 함께 운영하고 있어 농장 휴양을 원하는 도시인들에게 큰 인기를 끌고 있다.

Old Farm

유트리 농장은 17세기 말, 돌집으로 지어졌다. 그때부터 농장은 지금의 주인에 이르기까지 큰 변화 없이 옛 모습 그대로 유지하고 있고, 가축을 키우는 방식도 그대로다. 사진에서 보이는 뒷산을 이용해 봄부터 가을까지 가축을 방목하고 겨울이면 돌집으로 데려와 추위를 이길 수 있게 해준다.

세상에서 가장 맛있는 양고기 판매

유트리 농장은 영국의 요리사들에게 가장 사랑받는 농장 중 하나다. 때문에 대부분의 고기는 도축도 되기 전에 사전예약이 찬다. 유트리 농장의 고기를 요리사들이 선호하는 이유는 고기의 '건강한 맛' 때문이다. 그렇다면 유난히 유트리 농장의 고기가 맛 좋은 이유는 무엇일까? 그것은 가축을 키우는 방식에서 비롯된다는 것을 잘 알 수 있다. 유트리 농장은 100여 년 전 방식 그대로 가축을 우리에 가두지 않고 인근 산에서 방목한다. 때문에 가축들은 인공의 사료 대신 스스로 자신에게 필요한 풀을 찾아 먹는다. 이 환경이 가축들에게는 좀 더 건강한 삶을 가져다주고, 그만큼 고기의 맛도 좋아지게 하는 셈이다.

Lambs

농장으로 직접 고기를 사러 오는 소비자들을 위한 판매 방법. 유트리 농장 안에는 큰마켓과 같은 판매 장소가 별도로 없기 때문에 농장의 입구에 '고기를 사러오셨다면 자동차의 클랙슨(경적)을 울려주세요' 라고 써있는 안내판이 놓여 있다.

FOR MEAT
SALES
SOUND YOUR
HORN !!

가축복지와 착한 농장의 마케팅

가축복지(Animal Welfare)는 인간 외에 다른 동물과 인간에 의해 키워지는 가축의 삶에도 존중이 필요하다는 의미로 이미 고대문명사회에서부터 언급되어왔던 사상이다. 그런데 최근에는 다른 의미에서 이 가축복지가 부각이 되고 있다.

우리나라도 마찬가지지만 전 세계적으로 가축에게 발생하는 특정 질병이 매우 심각한 상황이다. 그런데 이 가축의 질병이 가축 간의 일로 그치지 않고 인간에게도 전염이 될 가능성이 높아지면서 인간의 지나친 욕심이 가축의 삶을 피폐하게 만들고, 결국 인간에게 재앙으로 다시 돌아오지 않을까 하는 우려가 높다. 과학자들은 가축의 집단 발병 원인 중의 하나로 '몸을 움직이기도 힘든 작은 우리 속에서 집단적으로 살아가는 가축의 환경'을 지적하기도 하는데, 이로 말미암아 오늘날의 집단 사육 방식에 대한 비난과 함께 가축복지에 대한 관심이 급격히 높아지는 상황이다.

이런 맥락에서 최근 영국의 유명 요리사는 '우리에 가둬 기르는 가축의 고기를 먹지 말자'는 운동을 펼치는가 하면, 평생 동안 우유와 달걀을 제공하는 가축은 도축을 하지 않고 천수를 누릴 수 있는 권리를 주자는 운동도 벌어지고 있다. 더불어 가축복지를 잘 실행하고 있는 농장들의 조합을 만들어 소비자들과 소통하는 판매 방식도 개발해 활발히 진행 중이다. 결국 가축복지를 통해 '착한 농장'의 이미지를 만들고, 이런 긍정적 효과를 고품격 판매로 연결시키는 새로운 개념의 농장 경영이 나타나고 있는 셈이다.

새로움보다 더 가치 있는 예스러움

돌로 지어진 집은 영국의 레이크 디스트릭트 지역의 특징이 살아 있는 전통적인 가옥 형태다. 겨울이 길고 추우면서 습기가 많은 기후를 이기기 위해서는 돌이라는 물성이 건축 재료로 가장 적합했기 때문이다. 오래된 전통은 버리지 않고 간직했을 때 그 어떤 새로움보다 가치가 높다. 유트리 농장을 포함한 영국 레이크 디스트릭트에 사는 시골 사람들 대부분은 오래된 건물을 허물거나 새롭게 리모델링하지 않는다. 물론 내부 공간은 좀 더 편리하고 안락하게 끊임없이 수리를 하지만 외관을 바꾸지 않기 때문에 전통의 멋이 가득하다. 이런 예스러움이 강력한 시골의 멋이 되고 도시가 따라할 수 없는 특징이 되고 있다.

Old Farm but New Trend

유트리 농장 인근의 또 다른 농장 모습.

영국 레이크 디스트릭트 지방의 돌로 지어진 농가 모습들.

시간이 멈춘 마을, 레이크 디스트릭트의 관광산업

아직도 운영 중인 옛모습 그대로의 농장들. 영국의 북서쪽에 위치한 레이크 디스트릭트 지방은 수려한 풍광을 지녔다. 30여 개가 넘는 산과 호수를 지닌 이곳은 '세계 최초의 자연 보호운동'이 시작된 곳이기도 하다. 자연을 지키며 살고자 했던 이들은 모든 것을 130년 전의 세상으로 되돌려 멈추어버렸다. 더 이상 길을 넓히지도 않고 새로운 집을 짓지도 않았다. '개발'을 멈춘 이곳은 현재 세계적인 영국 최고의 관광지가 되었다. 숙박소도 변변히 없는 이곳을 찾기 위해 관광객들은 6개월 전부터 게스트하우스 예약에 열을 올린다. 새로운 호텔을 짓고, 교통시설을 갖추고, 축제와 이벤트의 북적임이 있어야 지방경제가 산다는 논리와 정반대되는 '옛것의 지킴'이 얼마나 아름답게 관광산업을 성공시키고 있는지를 잘 보여준다.

농가에서 보내는 휴양

유트리 농장은 오래된 농가 건물을 수리해 게스트하우스로 운영 중이다. 게스트하우스는 농장의 홈페이지를 통해 직접 예약이 가능한데, 최소 단위가 일주일 이상이고 몇 달 동안의 장기 숙박도 가능하다. 영국식 게스트하우스는 대부분 아침식사를 제공하는 시스템으로 유트리 농장에서는 그를 위한 작은 '찻집'을 운영하고 있다. 이 찻집은 평소에는 찾아오는 관광객에게 간단한 음료와 케이크 등의 먹을거리를 판매하고, 게스트하우스에 숙박하는 손님들에게는 아침식사를 제공하는 공간으로 쓰인다.

유트리 농장에서 휴가를 보내고 있는 휴양객의 모습.
영국에서는 여름 휴가의 장소로 농가를 선택하는 사람들이 많다.
도시 생활을 잠시 접고 시골 속에서 여유로운 시간을 보낸다.

Yew Tree Farm, Lake District, UK

건강한 시골 문화

시골에서의 삶은 도시에서의 삶과 매우 다르다. 봄이 오면 식물이 싹을
틔우고, 여름이면 열매를 맺고, 가을이면 낙엽이 지는 사계절을 온몸으
로 느끼며 살아간다. 그래서 시골의 삶은 그곳의 자연과 참 많이 닮아가
게 되고, 이 닮음이 우리를 '건강하게' 만들어준다. 사진은 유트리 농장
근처 인가의 모습. 봄의 느낌이 완연한 마당에서 시골생활의 즐거움과
편안함이 느껴진다.

오경아의 유트리 농장 따라잡기

유트리 농장의 가장 큰 매력은 '옛 방식의 지킴'이다. 이는 농축산업에도 산업화의 바람이 거세게 불면서 단위면적당 얼마나 많은 생산을 할 수 있는가만이 중요시되고 있는 오늘날의 우리에게 시사하는 바가 크다. 과연 생산성이 떨어진다는 이유로 비록 가축이지만 식구처럼 정을 나누며 자유롭게 길러내었던 옛 방식을 버리고, 지금처럼 공장에서 제품을 찍어내듯 움직일 수도 없는 비좁은 울타리에 가두어 가축을 집단 사육하는 방식을 따르는 것이 좋을까? 이런 농축산법은 우리에게 점점 재앙으로 다가올 것이라는 전망이 짙어지고 있다. 흙은 더 이상 재생이 불가능해지고, 가축들에게 발생하는 병원균이 가축의 몰살은 물론이고 인간의 생명까지 위협을 할 정도로 심각해지고 있다.

더불어 다른 차원의 문제도 있다. 아무리 인간의 먹을거리를 위해 사육되는 동물이라 할지라도 생명이 있는 동안은 존엄하게 살아야 할 권리가 있지 않느냐는 반성이다. 이런 관점에서 최근 유럽에서는 먹을거리의 생산법에 대한 과거로의 회귀가 뚜렷하다. 영국에서는 이미 요리사 제이미 올리버가 사회 운동으로 옛날 방식의 가축 방목 운동을 펼치고 있고, 많은 단체들이 이런 농가들의 조합을 만들어 질 좋은 식료품을 높은 가격에 사서 유통시키는 사회 운동도 활발하다.

사실 어떤 의미로든 옛날 방식으로의 회귀는 어느 정도 경제성을 포기하는 일일 수밖에 없다. 다만 이를 최소화하기 위해서는 가격에 대한 확실한 보장이 무엇보다 절실하다. 그러기 위해서 많은 전문가들이 지적하는 것이 바로 '소비자와 생산자 사이의 신뢰와 믿음'이다. 소비자에게 높은 가격을 감수하면서도 제품을 구입해달라고 요구할 수 있는 것은 한 점의 의심도 없는 건강하고 안전한 농축산법의 공개와 실천이 따라주어야 한다.

유트리 농장은 영국 내에서도 첫 번째로 손꼽히는 청정 지역인 레이크 디스트릭트에 있다. 농장에 큰 볼거리는 없지만 누구라도 찾아가보면 그곳이 자연축산법을 실천할 수밖에 없는 장소라는 것을 바로 알 수 있다. 특히 이미 수백 년 동안 사용하고 있는 헛간에서 아직도 가축을 기르고 있는 현장은 이런 신뢰감을 주기에 충분한 볼거리가 되어준다. 말로 믿어달라는 외침이 아니라 직접 눈으로 확인할 수 있는 일상의 실천에 그 신뢰가 확고해짐을 잊지 말아야 할 것이다.

Information
Yew Tree Farm
Coniston, Cumbria, LA21 8DP, UK
TEL: + 44 (0) 15394 41433
www.yewtree-farm.com

Daylesford & Bamford,
Gloucestershire, UK

21세기 6차 산업 개념의 농사기업 모델
데일스포드 오르가닉 농장

데일스포드 오르가닉 농장은 1981년부터 시작된 비교적 역사가 짧은 농장이다. 농장의 창업자는 영국의 기업인 캐롤 뱀포드(Carole Bamford, 1946~)로 세계 굴지의 중장비 차량을 만드는 회사 JBC의 오너와 결혼하면서 새로운 사업을 구상하게 된다. 그녀의 꿈은 지구환경을 지키면서 어린이에게 가장 안전한 먹을거리를 제공할 수 있는 농장을 만드는 것이었다.

그녀가 세운 'Daylesford & Bamford(데일스포드 앤드 뱀포드)' 기업은 가축을 키우고 유제품을 생산하는 농장과 밀을 재배하는 밀밭, 채소와 허브를 공급하는 약 3,000평 규모의 텃밭인 '마켓가든', 그리고 직접 생산한 농축산물을 판매하는 4개 지점[Gloucestershire Farm, Notting Hill(London), Pimlico(London), Selfridges food hall(London, 셀프리지 백화점에 입점)]의 팜마켓, 완전 오르가닉 수제 빵과 과자를 제공하는 베이커리, 그리고 인터넷 판매 사업체인 'Ocado'가 있다. 2006년에는 천연의 재료로만 만드는 옷과 목욕·화장용품, 그리고 마사지 서비스를 제공하는 스파까지 사업을 확장했다.

데일스포드 앤드 뱀포드는 지금도 종합 회사로 다양한 사업을 시도하고 있지만 역시 모태 사업체는 농장과 텃밭 정원이다. 데일스포드 오르가닉 농장은 유전자 조작이 되지 않은 양, 소, 사슴으로 정육품을 만들어내고, 옛날 방식 그대로 숙성시킨 천연의 치즈와 요거트 등 유제품을 직접 가공 생산한다. 또한 각종 채소와 허브를 재배하는 텃밭은 일체의 살충제와 화학비료 사용을 금지하는 대신 경작지를 분할시켜 땅을 쉬게하거나, 해충의 천적을 불러들이는 생물학적 방법으로 유기농업에 대한 연구와 시도를 지속하고 있다. 더불어 2009년부터는 석탄이나 석유 등 지구의 자원을 고갈시키는 연료를 점진적으로 줄이는 운동에도 동참하고 있어 빗물을 모으는 저장 탱크를 설치하고, 농장에 태양열판을 설치하는 등 친환경 운동에 솔선수범하고 있다.

데일스포드 앤드 뱀포드는 거대 자본을 기초로 한 사업체이긴 하지만, 친환경을 기업의 모토 삼으며 농축산업을 기반으로 세계적인 규모의 기업으로 성장해가는 신개념의 농사기업의 좋은 사례가 되고 있다.

데일스포드 팜마켓의 내부 모습. 인근 농장에서 직접 재배한
신선한 채소와 과일이 매일 아침 팜마켓으로 전달된다. 같은
건물에 있는 레스토랑에서도 직접 이곳 팜마켓의 재료를 활용
해 '오늘의 요리'를 정한다.

데일스포드 오르가닉 농장이 만들어가는 농축산물의 6차 산업 ─────

데일스포드 오르가닉 농장에는 농산물과 축산물을 생산하는 농장과 텃밭이라는 1차 생산지가 있고 이곳에서 재배되는 농축산물을 치즈, 크림, 요구르트, 햄, 주스 등으로 가공하는 2차 가공 공장이 있다. 그리고 마지막으로 소비자를 직접 만나는 3차 서비스(팜마켓, 레스토랑, 스파, 상점)까지, 이른바 현대 농업이 꿈꾸는 6차 산업의 종합적인 모습을 그대로 보여준다.

그러나 소비자는 대부분 1차와 2차의 생산과 가공의 현장을 보기 어렵고, 3차 서비스 공간인 쇼핑공간을 통해서만 데일스포드를 접할 수밖에 없다. 이에 데일스포드 농장에서는 소비자들에게 1차 생산지의 오르가닉, 친환경에 대한 믿음을 주기 위해 1년 중 7월에서 9월까지 정해진 시간에 농장 견학을 허가한다. 농장 최고 담당자의 설명과 함께 구성되는 이 견학을 통해 가축 농장과 텃밭 정원의 실제적인 모습들을 찬찬히 살펴볼 수 있다. 이런 1차, 2차 산업 현장에 대한 신뢰는 소비자들이 3차 서비스 공간에서 실질적인 구매를 일으키게 하는 원동력이 된다.

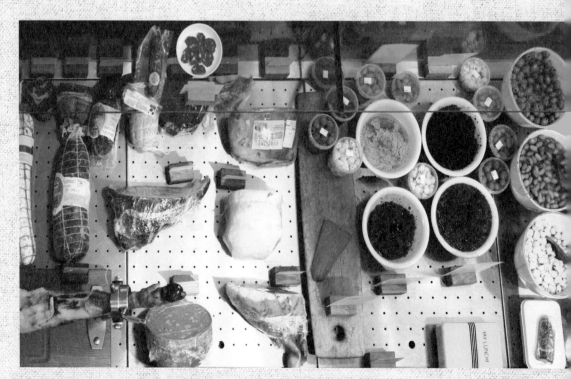

데일스포드 팜마켓에 있는 정육 코너.

데일스포드 팜마켓에서는 1차 생산품은
물론이고 다양한 2차 가공생산품의 판매
가 활발하다.

Aubergine
£5.99/kg

Jessey Royals
£6.99/kg

*100% pure organic
products*

유기농과 소비자의 믿음

글로스터셔에 위치한 데일스포드 판매점은 인근에 3,000평 규모의 다양한 채소와 허브를 재배하는 텃밭 정원 '마켓 가든(Market Garden)'이 있다. 이곳에서 생산한 농작물은 수확 후 곧바로 인근의 매장과 세 곳의 런던 매장으로 배달된다. 그러나 데일스포드 농장에서 자체 생산한 농산물의 물량이 충분하지 않을 때에는 지속적인 판매를 위해 데일스포드와 협력하고 있는 다른 농장의 농산물을 판매 매장에 공급하기도 한다. 그러나 이때도 데일스포드는 협력 농장을 수시로 방문하고 데일스포드와 비슷한 100퍼센트 오르가닉 농법을 시행할 수 있도록 전문가를 보내 관리한다. 그리고 이를 홈페이지를 통해 정확하게 공지한다.

Avocado
£2.50 ex.

FROM OUR OWN MARKET GARDEN
SOURCED LOCALLY
BRITAIN   Spain/Italy ✓
EUROPE

Carrots

Italy ✓

New Potatoes 'Accent'

£2:50/punnet

FROM OUR OWN MARKET GARDEN ✓   ORGANIC ✓
SOURCED LOCALLY
BRITAIN
EUROPE

Potatoes
Garlics
Carrots

유기농 농산물은 완벽한 믿음을 주지 않고서는 소비자의 관심
을 받기 힘들다. 때문에 투명한 농법의 공개와 지속적인 정보
의 제공은 소비자와 생산자를 믿음으로 이어주는 중요한 키워
드가 된다.

MADE BY HAND ON OUR FARM

WE BAKE EVERY DAY HERE ON OUR FARM, USING THE BEST ORGANIC INGREDIENTS AND TRADITIONAL ARTISAN METHODS TO CREATE AWARD-WINNING BREADS, CAKES AND PASTRIES THAT ARE AS FRESH - AND DELICIOUS IMPOSSIBLE

유통 시간을 줄여 제품을 되도록 짧은 시간 안에 소비자에게 전달하는 것이 식품 판매의 생명이다. 그러기 위해서는 소량 생산, 빠른 배달로 그 체제가 바뀌어야 한다.

손으로 직접 만들어내는 빵

데일스포드 농장은 채소와 허브를 재배하는 텃밭 정원 외에 밀을 수확하는 농경지를 따로 운영한다. 그리고 이곳에서 생산되는 밀을 이용해서 베이커리에서 손수 빵을 만들어낸다(빵을 굽는 곳은 인근의 별도 공장이다). 그리고 이 빵을 영국 내 네 곳의 매장으로 매일 공급하는데, 데일스포드 베이커리만의 독특한 맛으로 인기를 끌고 있다. 기계로 찍어내는 것이 아니라 사람 손으로 직접 빵을 만들어내고 방부제를 쓰지 않기 때문에 매일매일 빵을 만들어야 하는 수고로움이 있지만, 이런 단점은 소비자에게는 언제나 신선한 빵을 살 수 있다는 최고의 장점이 된다.

'B2B' 와 'B2C'

흔히 상거래의 형태를 말할 때 'B2B', 'B2C'라는 용어를 쓴다.

원래는 'B to B'로 'Business to Business'의 약자이지만 'to'를 소리나는 대로 간단히 써 B2B라고 표기하기도 한다. 이 B2B는 기업과 기업이 물품을 거래하는 방식으로 소비자와 직접 만나지 않는다. 예를 들어 밀농사를 지었다면 이것을 소비자에게 직접 판매하는 것이 아니라 대형 슈퍼마켓이나 중간 매개 기업 등에 판매하는 형태이다. 'B2G'라는 용어도 있는데 이는 'government(정부)'를 말하는 것으로 정부가 농산물을 사주는 경우가 대표적 사례다.

반면 B2C의 C는 'customer(소비자)'를 말하는 것으로 기업이 소비자에게 직접 판매하는 방식이다. 예를 들면 농부가 밀을 생산한 다음, 직접 판매소를 열어 판매하거나 인터넷을 통해 판매를 했다면 B2C의 차원이 된다.

데일스포드 오르가닉 농장은 농사기업 대부분이 B2B나 B2G 차원이었던 것을, B2C의 차원으로 변화시킨 획기적인 사례로 손꼽힌다.

베이커리에서 판매 중인 각종 잼. 유기농으로 재배된 과일로 만들어진다.

데일스포드 오르가닉 팜마켓에 진열된 다양한 상품들. 1차 생산물은 가공의 단계를 거치면 좀 더 오랫동안 보관이 가능해지고, 단순한 1차 생산물 판매를 넘어서는 고부가가치를 만들어낼 수 있다.

리빙 용품 판매

데일스포드 농장은 건물이 여러 동으로 분산되어 있다. 그중 중앙 건물에는 농축산물을 판매하는 팜마켓이 1층에 있고, 2층에는 리빙 소품을 판매하는 매장이 있다. 리빙 용품 매장의 물건들은 데일스포드 농장에서 직접 제조하는 것은 아니고, 기성 제품을 모아 파는 일종의 편집숍의 개념이지만, 판매되는 생활 용품의 톤과 무드가 데일스포드의 기업 모토와 일맥상통할 수 있도록 관리되고 있다. 자연스러운 색상과 디자인으로 통일감 있게 구성되어 매우 세련된 느낌을 주는 것이다. 이 리빙 용품의 판매는 데일스포드 농장을 단순한 팜마켓의 차원을 넘어 종합 복합 쇼핑몰로 진화시켜 한곳에서 다양한 물품의 쇼핑을 원하는 소비자들에게 높은 만족감을 선사한다.

채소와 과일을 파는 팜마켓 위층에 형성되어 있는 생활 용품
판매 공간. 가정에서 쓰는 일상생활 용품의 컬렉션이 잘 어우
러져 있어 굳이 물건을 사지 않고, 디스플레이를 보는 것만으
로도 즐거움을 느낄 수 있다.

톤 앤드 무드

문학, 예술 분야에서 흔히 쓰는 용어로 '톤 앤드 무드(Tone & Mood)'라는 표현이 있다. 이 용어는 작가가 만들어내는 창작물에 흐르는 감정을 말한다. 두 단어가 비슷해보이지만 정확하게는 다르다. 'mood'는 작가가 자신의 창작물에 넣어주는 감정이다. 예를 들면 즐겁고 달콤한 멜로 영화와 무섭고 긴장되는 공포 영화가 있듯이 작가가 창작물을 만들 때 부여하는 감정을 의미한다. 반면 'tone'은 작가의 창작품을 읽거나 보게 될 독자가 갖는 느낌이다. 결국 톤과 무드는 작가가 만든 감정과 그것을 보고 읽는 독자의 감정이 일치했을 때 강력한 힘을 갖는다. 그리고 이런 강한 감정의 소통은 창작물을 다시 읽고, 보고, 구입하게 하는 힘을 갖게 한다.

그렇다면 강력한 톤 앤드 무드는 어떻게 만들어질까? 그것은 하나의 뚜렷한 주제의 부각이나 작품 전체를 꿰뚫는 중심 질문이 있을 때 가능하다. 데일스포드 오르가닉 농장은 농장, 텃밭, 팜 마켓, 가든센터 등이 공통적으로 '친환경 오르가닉'이라는 하나의 무드를 만들어 소비자로 하여금 하나의 톤을 경험하게 하고, 이것이 상품에 대한 호감으로 이어져 소비를 자극하는 데 도움을 주도록 디자인되어 있음을 알 수 있다.

카든센터에서 판매되는 정원 연장들.

데일스포드 농장을 둘러보다 보면 옛 교회건물을 개조한 옷 가
게, 정원 용품점, 팜마켓, 스파 등의 모든 요소가 '자연스러운 내
추럴리즘'이라는 톤 앤드 무드를 표현하고 있음을 알 수 있다.

플라워숍은 데일스포드 농장을 찾는 사람들에게 조금 더 고급
스러운 문화 체험이 되도록 인테리어에 신경을 많이 쓴 흔적
을 느낄 수 있다.

데일스포드 오르가닉 농장의 중심에 자리 잡은 가든센터.
이곳에서는 식물과 정원 일에 필요한 각종 연장,
앞치마, 모자 등이 판매된다.

시골 문화의 최고 진수, 정원과 원예

글로스터셔의 데일스포드 오르가닉 농장의 가장 화려한 부분은 '가든센터'이다. 영국인들의 삶 속에 깊이 자리 잡고 있는 정원 문화는 우리에게는 없는 가든센터라는 특별한 상점을 만들어냈다. 이것이 가능한 까닭은 영국인들의 일상화된 정원 문화를 들 수 있다. 국민 1인당 정원 면적을 가장 많이 지니고 있는 영국인들은 정원을 가꿀 수 있는 시골생활을 가장 높은 삶의 질로 여긴다. 이런 문화가 식물과 그 식물을 키우는 원예 일을 즐기게 하고, 이것이 산업과 상업을 일으키는 원동력이 되고 있는 셈이다. 우리에게는 언제쯤 정원 문화가 찾아올까? 정원 문화는 국가의 국민소득이 적어도 2만 달러 이상을 넘어섰을 때에만 등장할 수 있다는 경제 논리도 있다. 우리에게도 정원 문화는 이제 코 앞에 놓여 있다. 이 문화를 선도할 수 있는 열정, 감각이 본격적으로 필요한 시기이다.

최고급 재료, 최고급 요리

데일스포드 오르가닉 농장의 메인 건물에는 레스토랑이 운영되고 있다.
레스토랑은 오전 11시 30분 꺼진 화덕에 불을 붙이는 일로 음식 서비스
의 시작을 알린다. 요리하는 전 과정이 보이도록 주방이 세팅되어 있어
음식을 먹는 사람들은 요리사의 바쁜 요리 과정을 마치 공연을 보듯 지
켜볼 수 있다. 모든 재료를 같은 건물에 있는 팜마켓에서 구입하기 때문
에 늘 신선한 음식을 맛볼 수 있다.

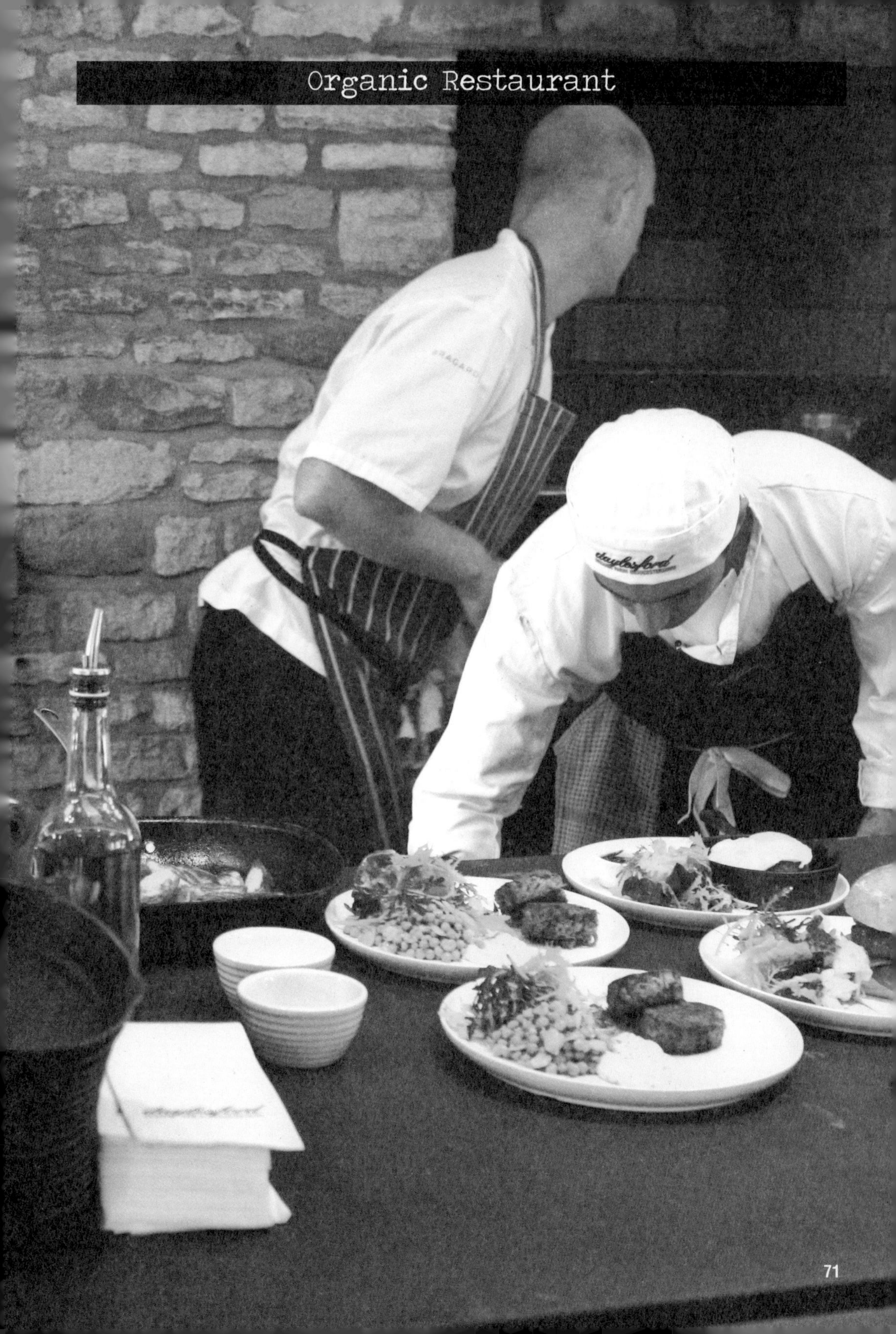

진정한 체험학습을 제공하는 요리 학교

우리나라에서 농업의 6차 산업을 언급할 때는 3차 서비스 부분을 체험
학습으로 풀어낼 때가 많은데 그러한 체험학습의 경우 간단한 농작물
심기, 견학, 실습 등으로 매우 제한적인 맛보기 차원에 머무는 경우가 많
다. 데일스포드 오르가닉 농장의 요리 학교가 우리에게 좋은 본보기가
될 듯하다. 이곳에서는 단순한 체험학습의 차원을 넘어 농장에서 직접
생산한 농축산물을 이용한 다양한 오르가닉 요리를 배울 수 있다. 데일
스포드 농장의 레스토랑을 운영하는 셰프가 직접 요리를 가르치기 때문
에 레스토랑에서 내가 맛있게 먹었던 바로 그 요리가 실질적으로 어떻
게 만들어지는지를 제대로 배울 수 있다. 이 요리 학교만으로도 정기적
으로 농장을 찾는 이들이 있을 정도로 인기가 높다.

Cookery School

최근 상품을 파는 마케팅 전략은, 텔레비전이나 지면광고를 통해 물품을 홍보하는 일방적 방식에서 벗어나 좀 더 직접적으로 소비자에게 '경험'을 제공하고 그 경험이 물품의 소비로 이어지게 하는 방식으로 진화하고 있다. 데일스포드 농장의 요리 학교도 이런 경험 판매의 진수를 보여준다. 요리 학교에서 가르치는 모든 음식은 데일스포드 농장에서 판매되는 농축산물과 소스를 이용하고, 요리에 사용되는 기구와 그릇, 장식물도 데일스포드 농장에서 판매하는 용품들이다. 이것은 요리를 배운 경험자에게 데일스포드의 상품을 각인시켜 자연스럽게 물품의 소비를 북돋우는 계기가 된다.

재래식으로 만드는 유제품

데일스포드 오르가닉 농장에서는 젖소를 직접 키우고 가공 공장인 'Creamery'에서는 매일매일 생산되는 우유를 치즈와 요거트로 숙성 시킨다. 치즈를 비롯한 모든 유제품에 방부제를 넣지 않고 예전 방식 으로 만들어낸다. 특히 9개월간 숙성시키는 데일스포드 체다 치즈가 소비자들로부터 가장 많은 사랑을 받고 있다.

매장 디스플레이의 친환경

데일스포드 농장의 팜마켓에는 늘 5℃ 정도의 온도를 유지하는 별도의 치즈실이 마련되어 있다. 방 전체가 통유리로 되어 있어 밖에서도 그 모습을 잘 살펴볼 수 있다. 이곳은 친환경 디스플레이가 무엇인지를 잘 보여준다. 플라스틱 등의 공산품 사용과 페인트칠을 배제하고 나무, 돌, 지푸라기 등의 자연 소재를 이용해 오르가닉 제품을 더욱 돋보이게 한다. 질 좋은 제품을 더욱 부각시킬 수 있는 고급 디자인의 중요성을 제대로 보여주는 사례다.

Information

Daylesford & Bamford Organic Farm

Gloucestershire, GL56 0YG, UK

TEL: + 44 (0) 1508 731700

www.daylesford.com

오경아의 데일스포드 오르가닉 농장 따라잡기

주차장에 차를 세우면 '개를 묶어둘 수 있는 공간'이 보인다. 시작부터 방문객을 위한 세심한 배려가 눈에 띄는 부분이다. 건물은 모래 색깔의 돌로 지어진 영국의 전통가옥이다. 입구에는 돌 화분이 놓여 있고, 나무수레에는 이제 막 농장에서 따온 것으로 보이는 딸기 상자가 가득하다. 보기만 해도 군침이 돌아 한 팩을 사지 않고서는 견딜 수가 없다. 건물 안에는 눈을 시원하게 만드는 신선한 채소와 과일이 팜마켓의 진수를 보여준다. 나무상자와 바구니에 담긴 농산물은 유난히 신선하다. 고기를 손질하는 정육점 내부가 유리로 되어 있어 훤히 보인다. 정갈한 유니폼을 입은 직원이 고기를 능숙하게 손질하고, 옆 베이커리에서 나는 빵과 커피향이 식욕을 불러일으킨다. 문을 활짝 열어놓은 레스토랑 정면에는 거대한 돌 화덕에 요리사가 불을 붙인다. 오늘의 요리는 화덕에 구운 송어와 쇠고기다. 요리사가 무대 위의 연기자처럼 음식을 차려낸다. 그 옆에 자리한 요리 학교에서는 지금 내가 먹은 요리를 만들 수 있는 방법을 가르쳐준다고 한다.

아, 이제는 눈이 호강이다. 라벤더, 로즈마리가 가득한 가든센터 안으로 들어서니 각종 원예 기구가 하루 빨리 우리 집 정원에도 식물을 심어야겠다는 충동을 일으키게 한다. 가든센터 뒤로 고급스러운 옷 가게도 보인다. 아토피를 전혀 일으키지 않는다는 천연 소재의 옷은 가격이 엄청나다. 그래도 왜 비싼지는 알 것 같다. 옷 가게 뒤에서 뿜어져나오는 향기!

스파가 보인다. 피로를 다 날려줄 듯한 마사지 서비스가 유혹을 하는데, 그 옆으로 잠겨진 대문 앞에 "숙박객만 출입 가능"이라는 팻말이 보인다. 잔디마당에 휴가를 즐기는 숙박객이 있다. 진짜 이곳에서 며칠 동안만 먹고 쉴 수 있다면 더할 나위 없을 듯하다!

영국의 글로스터셔에 위치한 데일스포드 오르가닉 농장의 동선이다. 이게 어찌 하다 보니 저절로 이루어진 상황일까? 이 농장의 성공 비결에는 다음 세 가지 측면이 숨어 있다.

1. 농사기업으로서 그 투자 규모가 크다. 그간의 농업을 기반으로 한 사업이 대부분 가족 단위의 소규모에 그쳤다면 데일스포드 앤드 뱀포드는 농장, 텃밭 정원, 가공 공장, 복합 쇼핑몰 등의 하드웨어에 과감히 투자를 해오고 있다.
2. '친환경 오르가닉'이라는 강하고 뚜렷한 기업 모토를 세워 제품에 '착함'이라는 긍정 에너지를 입혀주고 있다.
3. 제품 하나하나에 감상적 연출, 즉 톤 앤드 무드를 '고급스러운 자연주의'로 통일시킨 감각 마케팅이 돋보인다.

결론적으로 데일스포드 오르가닉 농장은 하드웨어에 대한 과감한 투자와 소프트웨어적인 감각 연출과 마케팅이 잘 결합되면서 신개념 농사기업의 표본이 되고 있는 것이다.

Riverford Organic Farm,
Buckfastleigh, Devon, UK

채소 박스의 전국 택배화
리버포드 오르가닉 농장

*From one man and a wheelbarrow
to a award wining organic delivery company*

리버포드 오르가닉 농장은 영국의 남서쪽 데본에 있다. 1951년 왓슨 부부의 소규모 가족 농장으로 출발한 리버포드 농장은, 왓슨 부부의 아들인 가이 왓슨(Guy Waston, 1960~, 농부, 사업가, 유기농 전문가)이 고향으로 돌아와 농장을 이어받으면서 큰 변화를 맞게 된다. 가이 왓슨은 농장을 농약을 전혀 쓰지 않는 완전 유기농으로 바꿀 계획을 세웠다. 그가 이런 계획을 갖게 된 것은 어린시절부터 먹어왔던 어머니가 만든 음식에 대한 그리움 때문이었다. 그는 오늘날 음식의 맛과 질이 떨어진 결정적 까닭을 건강하게 자라지 못한 식재료의 공급이라고 생각했다. 그리고 이를 다시 회복시키기 위해서는 무엇보다 오르가닉 농법으로의 전환이 꼭 필요하다고 판단한다. 농장을 완전 오르가닉 농법으로 바꾸는 데 3년의 시간이 걸렸다.

여기서 그가 생각해낸 또 하나의 농장 운영 방식은 새로운 배달 시스템이다. 이른바 'field to kitchen(텃밭에서 부엌으로)'이다. 그는 인근의 지인들 30명을 대상으로 일주일에 한 번씩 농장에서 나오는 채소를 종이 박스에 담아 보내주는 일을 시작했다. 처음 30개의 박스 배달로 시작한 사업은 오늘날 매주 4만 7,000개의 채소 박스를 영국 전역으로 배달시키는 규모로 커졌다. 또한 영국 전역에 좀 더 신속한 배달이 이뤄지도록 총 3개 자매 농장을 추가했다. 농장에서는 레스토랑 'Field Kitchen'을 운영 중이고 인근에 농장의 농산물을 직접 판매하는 팜마켓이 있다.

현재 리버포드 오르가닉 농장은 영국의 《선데이타임스》가 선정한 '가장 빠르게 성장하는 기업' 92위를 차지할 정도로 농업을 기반으로 한 기업으로서 큰 성과를 이뤄내고 있다. 리버포드 오르가닉 농장의 역사를 두고 "한 명의 사람과 한 개의 손수레가 만들어낸 최고의 오르가닉 농장"이라고 말하기도 한다.

맛 좋은 채소의 유기농 재배

가이 왓슨은 늘 접하던 채소보다 새롭고 다양한 채소들에 관심을 가졌다. 그래서 수확량은
비록 적어도 다른 농장들에서는 찾기 힘든 독특한 종을 재배하는 데 중점을 두었다. 그가
이렇게 독특하고 다양한 식물종을 살피게 된 까닭은 무엇보다 '좋은 맛'을 찾기 위해서였
다. 좋은 맛이야말로 우리의 미각을 일깨우고, 바로 이것이 우리 몸을 건강하게 하는 지름
길이라고 생각했기 때문이다. 가이 왓슨의 이런 유기농 철학은 채소 박스에도 그대로 담겨
있다. 리버포드 농장은 일주일에 한 번 뉴스레터를 제작하는데, 이 안에는 가장 기본이 되
는 데본의 농장 소식과 함께 채소 박스에 담긴 채소와 고기, 물고기, 기타 재료를 이용해 만
들 수 있는 요리의 레시피가 들어 있다. 이 레시피는 농장에서 레스토랑을 운영하고 있는
요리사가 직접 작성한 것으로 쉬운 요리법이지만 좋은 재료로 맛있는 음식을 만들 수 있는
비법이 적혀 있다. 인터넷 홈페이지에서는 레시피만으로는 실행이 어려운 초보자들을 위
한 동영상 요리 강의도 찾아볼 수 있다.

'Organic'의 어원

오르가닉 농업을 우리 말로는 유기농업, 친환경농업 등으로 번역한다. 'organic'의 원래 의미를 보면 '몸이나 어떤 체계 내에서 장기와 같은 역할을 하다'이다. 이를 바탕으로 생각해보면 오르가닉 농사는 식물 스스로 자생 능력을 가지고 자라날 수 있도록 하는 농사법이라고 볼 수 있다. 우리 몸의 장기 중에 어느 하나가 잘못되면 결국 생명을 잃게 된다. 몸 안의 장기가 우리는 알 길 없는 복잡하고 유기적인 관계로 얽혀 몸을 지탱하듯, 농사 역시 식물과 흙, 바람, 구름, 동물들이 각각의 역할 안에서 유기적으로 시스템을 구축할 수 있어야 한다는 뜻이기도 하다.

Organic vegetable boxes
From our fram
To your table

오르가닉 농업의 역사

· 인류의 가장 오래된 농사법은 '포레스트 가드닝(Forest Gardening)'으로 땅을 뒤집거나 영양 분을 주지 않고 다양한 식물들이 자라는 숲 속에 원하는 과실수를 심어 함께 키웠다.

· 18세기 산업혁명은 모든 물건을 대량생산화했다. 농사의 방식도 이와 함께 달라져 더 많은 수확물을 확보하기 위해 인공 화학비료가 개발되기 시작했다.

· 1, 2차 세계대전은 인공 화학비료의 급성장을 불러왔다. 기아에 시달리는 사람들의 배고픔을 해소하기 위해 농작물의 더 빠른 성장이 필요했고, 그만큼 더 많은 화학비료가 사용되었다. 그런데 이때부터 대규모로 길러지는 채소들에 질병과 해충이 급격히 생겨나면서 살충제가 개발된다.

· 1940년대는 '살충제와 농약'의 전성시대다. 농약은 효과가 매우 빨랐지만 이후 길고 긴 후유 증을 남겼다. 흙은 영구적으로 딱딱해지고, 영양분을 잃게 되고, 그 잔유물이 흙에 남아 식물 에게로 전달되었다.

· 1900년대 초, 그간 사용해온 화학비료와 농약의 후유증을 극복하기 위한 새로운 농법에 대한 연구가 진행된다.

· 1925년, 오스트리아의 철학자 루돌프 슈타이너(Rudolf Steiner, 1861~1925)는 오르가닉 농법의 시초로 불리는 '바이오다이나믹 농업'을 소개한다.

· 1930년대 후반, 영국의 식물학자 앨버트 하워드 경(Sir Albert Howard, 1873~1947)이 오르 가닉 농법에 관한 과학적 연구 결과를 내놓는다. 오늘날 우리는 그를 '유기농법의 아버지'라 부른다.

· 1940년대 미국의 저널리스트 로데일(J. I. Rodale, 1898~1971)이 미디어를 통해 오르가닉 농법의 필요성과 노하우를 전 세계에 알리며 오르가닉 농업에 대한 체계적인 교육을 시도한다.

· 오늘날 전 세계는 여전히 살충제와 화학비료의 사용을 줄이지 못하고 있다. 게다가 유전자 조작으로 식물과 가축을 변형시켜 생산을 촉진하고 있다. 이 후유증이 앞으로 어떻게 우리에게 나타날지에 대해서는 그 누구도 짐작하지 못하고 있다.

리버포드 오르가닉 농장에서 운영하고 있는 '채소 박스'의 배달 트
럭. 인터넷으로 주문된 채소 박스를 전국으로 배달하고 있다.

Vegetable Box

채소 박스는 1980년대부터 시도된 '농장물의 직접 판매' 방식이다. 소비자는 5kg, 10kg, 20kg 등으로 원하는 크기의 채소 박스를 주문할 수 있다. 주문이 들어오면 농장에서는 그 주에 생산된 농산물을 담아서 가정으로 배달한다. 생산물은 수확되는 시기에 따라 결정되기 때문에 계절별로 채소의 종류가 다르다.

현재 영국에서 채소 박스를 운영하고 있는 농장은 꽤 많다. 2007년 기준으로 약 1억 파운드(약 2,000억)의 시장 규모가 형성되었고, 이 추세는 더욱 높아지고 있다. 채소 박스를 최초로 고안한 사람은 찰스 다우닝(Charles Dowding)이라는 농부로 알려져 있다. 찰스 다우닝은 흙을 뒤집지 않고 퇴비만을 얹어 키우는 'no digging' 농법을 알린 사람이기도 하다. 다우닝에 이어 농부인 팀과 잔(Tim & Jan Dean) 부부가 이 채소 박스를 더욱 발전시켰고, 지금은 리버포드를 비롯한 많은 오르가닉 농장이 이 시스템을 운영하고 있다.

Like having an allotment without the digging!

영국 일간지 《인디펜던트》가 선정한 최고의 '채소 박스' 판매 농장 리스트와 특징

1. **파미손 Farmison**

   레스토랑을 운영하던 두 명의 친구가 설립한 농장. 채소 박스 외에도 요리사 출신답게 자체 개발한 소스의 종류와 질이 훌륭하다.

2. **로컬 그린스 Local Greens**

   15명의 지역 농부들이 모여 만든 단체. 소규모 농장에서 나오는 채소를 하나의 판매소를 통해 배달한다.

3. **아벨 앤드 콜 Abel & Cole**

   가장 먼저 채소 박스 제도를 시행한 대표적인 농장. 채소 박스의 크기는 단 한 종류이고, 좋아하지 않는 채소를 빼달라는 주문만이 가능하다. 채소를 맛있게 요리할 수 있는 레시피를 제공하는 것이 특징이다.

4. **파이브데이 5 a Day**

   파이브데이 농장에서는 총 6종의 채소 박스를 판매한다. 가격은 변동제로 수확되는 채소에 따라 달라진다. 평상적인 채소가 아니라 다른 모양, 색, 맛을 지닌 채소를 제공하는 것이 특징이다.

5. **리버포드 Riverford**

   가족이 운영하는 농장으로 현재 4개의 지점 농장이 있다. 채소 박스 외에도 최상급의 오르가닉 과일과 고기를 제공하는 농장이다.

6. **실링포드 오르가닉스 Shillingford Organics**

   비옥한 토양의 영국 남서쪽 데본에 위치한 농장으로 2002년부터 농약 사용을 전혀 하지 않는 농법으로 운영되고 있다.

7. **헬로 프레시 Hello Fresh**

   재배되는 채소를 무작위로 공급하는데, 요리를 먼저 선정하고 그 요리에 필요한 재료를 넣어주는 방식이 특징이다.

방목으로 키우는 건강한 축산

리버포드 오르가닉 농장은 채소와 과일을 키우는 밭과 함께 우유를 생산하기 위한 젖소, 정육을 위한 다양한 가축을 기르는 방목장이 있다. 방목을 위한 초원은 크게 두 구역으로 나뉘는데 1년 주기로 번갈아가며 사용한다. 이런 방목 방식은 무엇보다 초원에서 자라는 풀을 잘 관리하는 것이 중요한데, 이 농장에서는 가축의 사료가 될 수 있는 특정 풀의 씨를 뿌려 기르는 데도 정성을 들이고 있다.

리버포드 오르가닉 농장의 레스토랑 'Field Kitchen(필드 키친)'.
이곳의 모든 음식은 농장에서 직접 생산한 농작물과 축산물로 만들어진다.
금요일에는 'Fish Friday'라는 제목으로 특별한 생선요리를 선보인다.

농장주 가이 왓슨이 펴낸
리버포드 농장의 이야기
와 그가 내놓는 요리 레시
피를 모은 책.

Riverford
Farm
Cook Book

Tales from the fields,
recipes from the kitchen

Guy Watson &
Jane Baxter

'This is a super book.'
Hugh Fearnley-Whittingstall

환경을 생각하는 포장

리버포드 오르가닉 농장의 팜마켓은 일체의 플라스틱과 스티로폼 포장을 사용하지 않는다. 대신 종이봉투와 최소한의 비닐백을 이용한다. 사용되는 비닐의 경우도 견고함은 떨어지지만 땅속에 묻히면 쉽게 부패되는 친환경 소재로 만든다. 팜마켓을 조성할 때 제대로 된 농축산물의 공급 못지 않게 중요한 것이 쓰레기를 만들어내지 않는 포장 용품의 개발이다. 투박하면서 친숙한 손그림과 함께 어우러진 리버포드 농장의 로고는 이곳의 CI(기업 이미지 전략)를 더욱 잘 부각시키고 있다.

12.5kg Bag Hermes

Potatoes

£9·50 Bag

Local
U.K.
Class2

종이로 만든 버섯 케이스.

재생 비닐백에 담긴 채소.

리버포드 팜마켓의 트레이드마크인 과일과 채소의 그림 로고.
사진을 사용하는 것보다 좀 더 친근한 느낌을 전달해준다.

오르가닉 애플 주스

리버포드 농장의 사과는 거의 대부분 주스로 만들어진다. 사과 열매를 직접 판매하지 않는 이유는 오르가닉 농사의 특징 때문이다. 인위적인 비료와 화학적 살충제를 쓰지 않기 때문에 사과의 크기가 상대적으로 작고 볼품이 없다. 판매용으로서 시각적으로 상품가치가 떨어지는 단점을 극복하기 위해서 리버포드 농장은 과감히 사과 열매 자체의 판매를 포기하고 모든 사과를 주스로 가공시켜 판매하는 방식을 택했다. 이 전략은 성공했고 리버포드 오르가닉 농장의 고품질 사과 주스는 현재도 큰 인기를 얻고 있다.

Good food from good farmings

Riverford
farm shop

good food from
good farming

Riverford Apple
Juice

Keep refrigerated - Batch No: 13/137
Use By: 26/05/2014
Riverford Farm Shop, Staverton, Totnes TQ9 6AF

5 038382 001846

오경아의 리버포드 오르가닉 농장 따라잡기

리버포드 오르가닉 농장은 가이 왓슨과 아내인 제인이 운영하는 가족 농장이다. 소규모 농장이지만 영국 내 전국 규모의 채소 박스 택배 시스템이 갖춰져 농장의 주요 수입원이 되고 있다. 이곳의 가장 큰 매력은 오르가닉 채소와 과일의 재배이지만, 그에 앞서 요리에 대한 왓슨 부부의 철학이 큰 매력으로 꼽힌다. 부부는 요리책을 통해 어머니로부터 전수받은 요리를 꾸준히 소개하고 있는데, 이런 점이 다른 오르가닉 농장과 차별점을 가지면서 소비자들에게 더 많은 신뢰감을 주고 있다. 더불어 자신들과 뜻을 같이하는 요리사이자 관리자인 엘리스 워터를 영입하여 농장에서 필드 키친 레스토랑을 운영 중이다. 이곳은 주말이면 한 달 전 미리 예약을 하지 않으면 식사를 하지 못할 정도로 인기가 높다.

채소와 과일을 키우는 곳과 가축 농장을 볼 수 있도록 관람 동선을 만들어두었다. 일반인들도 원한다면 걸어 다니며 관람이 가능하다. 그러나 농장 안에서는 트랙터 등의 중장비가 일을 하기 때문에 투어 동선에서 벗어나지 못하도록 통제한다. 그러나 농장의 외곽길은 영국의 시골 풍경을 만끽하며 걸을 수 있어 식당을 찾아오는 손님들에게 식사 전후 산책 코스(1시간 정도 소요)로 인기가 높다.

농장에서 생산되는 채소는 거의 대부분이 채소 박스로 판매되는 반면, 과일은 주스를 만들어 자신이 운영하는 팜마켓과 도시의 백화점 식품관으로 납품된다. 리버포드 농장이 과일을 주스로 만드어 파는 까닭은 오르가닉 재배인 탓에 과일의 굵기와 모양이 상품으로서 가치가 떨어지기 때문이다. 왓슨은 기존의 방식을 버리고 3년 간 노력을 기울여 오르가닉 농사에 성공하긴 했지만, 양질의 열매가 맛은 좋으나 판매용으로 너무 볼품이 없고 작다는 문제점을 깨닫게 된다. 이 문제점을 해결하기 위해 왓슨은 과일의 가공을 생각했다. 열매의 크기는 작지만 당도가 높은 오르가닉 과일을 이용해 '100% 과즙 주스'라는 전략을 취했고 현재 런던의 유명백화점 식품관에서까지 큰 인기를 끌고 있다.

이곳은 농장과 가공 및 채소 박스 포장 공간, 레스토랑, 직원들의 숙박소로 구성되어 있고 전체 크기는 대략 1헥타르(3,000평) 정도다.

Information
Riverford Organic Farm
Buckfastleigh, Devon, TQ11 0JU, UK
TEL: + 44 (0) 1803 762059
www.riverford.co.uk

Bibury Trout Fishery Farm,
Cirencester, UK

자연의 아름다움이 살아 있는 양어장
바이버리 송어 농장

1902년에 시작된 바이버리 송어 농장은 현재 영국에 남아 있는 가장 오래된 양어장이다. 이 양어장을 처음 만든 아서 세번(Arthur Severn, 1893~1949)은 코츠월드에서 활동했던 유명한 자연운동가였다. 그는 바이버리의 계곡물을 이용해 연못을 만들고 거기에서 송어를 키웠다. 오늘날 바이버리 송어 농장은 아서 세번이 만들었던 그 형태를 잘 보존하며 발전해가고 있다. 농장은 크게 송어의 알을 부화시키는 곳, 치어를 연령에 맞게 키우는 곳, 다 큰 송어를 키우는 연못으로 구성되어 있다. 다 큰 송어를 키우는 연못은 자연과 잘 어우러지는 자연스러운 디자인으로 안정감을 준다. 전체 양어장은 입장료를 내면 관람이 가능하고, 송어를 잡을 수 있는 표를 구입하면 직접 낚시를 할 수도 있다. 물론 잡은 송어는 연못 옆에 준비된 화덕에서 즉석 바비큐가 가능하다.

바이버리 송어 농장의 또 다른 볼거리는 입구에 운영 중인 생선 가게(Fish Market)이다. 송어를 조리할 수 있도록 손질하여 팔기도 하고, 아예 통조림으로 만들어 판매도 한다. 또 이곳을 들른 관광객과 어린이들을 위해 물고기와 자연, 정원에 관련된 기념품을 파는 가게도

함께 있다. 특히 물고기와 관련된 책과 인형, 달력 등의 상품은 다른 농장과는 다르게 특화되어 있어 큰 매력이 아닐 수 없다. 더불어 간단한 물고기 요리와 차를 파는 미니 카페테리아도 마련되어 있어 단순한 송어 양어장을 뛰어넘어 볼거리와 먹을거리, 쇼핑 품목이 풍부한 복합몰의 느낌이 강하다.

송어장의 외부 풍경도 압권이다. 양어장 입구로 계곡 물이 흐르는데 이 물을 끌어들여 송어를 키우는 연못에 물을 공급한다. 그리고 이 물은 양어장을 구불구불 흘러가다가 다시 원래의 계곡으로 합류된다. 그런데 가끔 몇몇 송어는 양어장의 그물망을 뛰어넘어 계곡으로 탈출하기도 한다. 이 빠져나간 물고기를 잡아먹기 위해 백조가 그 계곡에 터를 잡고 살아가는 것도 재미있는 볼거리다.

단순한 농장의 견학은 5파운드(1만 원 정도), 1년 동안 입장할 수 있는 입장료는 50파운드(10만 원 정도). 물고기를 잡기 위해서는 별도의 허가를 받고 추가비용을 내야 한다. 양어장에는 가족 모두가 하루 종일 재미있는 시간을 보낼 수 있도록 낚시터는 물론 어린이 놀이터 등의 제반 시설이 다양하게 준비되어 있다.

자연 풍광을 그대로 지키는 양어장

바이버리 송어 농장은 영국 중부의 코츠월드(cotswold)라는 아름다운
지역에 위치해 있다. '바이버리'라는 양어장의 이름도 마을의 이름을 그
대로 가져온 것이다. 바이버리 송어 농장은 주변 풍광의 아름다움을 거스
르지 않고 자연적이면서도 평화롭게 구성되어 있다. 송어 자체가 시끄러
운 소음을 싫어하는 까닭에 양어장은 고요하면서도 평화롭기 그지없다.

양어장과 관광

양어장은 맑은 물의 유지가 가장 중요하다. 그래서 민물고기를 양식할 때에는 깨끗한 자연의 계곡 물이 흐르는 곳이 가장 적합하다. 이런 장소를 잘 이용하면 수려한 자연경관도 함께 감상할 수 있다는 장점이 있다. 물고기를 직접 눈으로 볼 수 있는 곳, 그곳에서 원한다면 낚시도 할 수 있는 곳, 나아가 생선 등의 요리도 직접 만들어보고 먹고 즐길 수 있는 곳 등으로 단순한 농장의 개념을 넘어서는 복합적인 구성이 가능하다.

Farm Tourism

양어장에서 탈출한 송어를 먹기 위해 인근 시냇가에 자리 잡고 있는 백조 가족. 이 백조들은 마을의 보살핌을 받아서 천적으로부터 해침을 당하지 않는다. 송어 양어장과 이 백조들이 마을의 상징으로 통하기 때문이다.

온 가족이 함께 즐기는 양어장

양어장은 알을 부화시키는 곳, 막 알을 깨고 나온 1년생, 2년생 치어로
구별하여 기른다. 그러다 보니 목적에 따라 만들어진 크고작은 연못들이
아주 많다. 그리고 이미 다 자라 팔려나갈 수 있는 송어가 사는 연못에는
낚시를 할 수 있는 장소가 만들어져 있다. 양어장의 매표소에서 송어를
잡을 수 있는 티켓을 구입하면 낚시를 할 수 있고, 잡은 송어를 화덕에서
직접 구워 먹을 수도 있다.

CATCH YOUR OWN
FISHING

Charges:

Children can fish only under
close supervision and
are not permitted to kill the fish.

All fish caught must be killed
and paid for - no fish to be
returned to the water.

Please read guidance notes before
fishing.

Last rods   5pm
Fishing closes   5 30pm

CLOSED

생선 가게와 기념품 가게

송어를 직접 키워 판매하는 바이버리 피시 마켓의 주요 품목은 송어다. 물론 그렇다고 송어만 있는 것은 아니고 다른 종류의 생선들도 잘 손질하여 판매한다. 생물 외에 통조림으로 가공된 생선도 종류가 다양하다. 생선을 파는 곳이지만 그 싱싱함 때문인지 생선 비린내를 전혀 맡을 수 없는 것도 큰 특징이다.

　생선 가게는 바로 기념품을 파는 곳과 연결이 되어 있다. 이곳에는 관광지 어디에서나 쉽게 볼 수 있는 천편일률적인 상품 대신 자연학습과 밀접한 관련이 있는 기념품과 책들을 구비하고 있어서 눈길을 잡아끈다.

Fish Market & Souvenir Shop

바이버리 송어 양어장의 입구. 기념품을 파는 곳과 생선 가게가 함께 있다. 이곳에서 티켓을 구매하면 양어장 안으로 들어갈 수 있다.

정갈한 구성의 카페테리아

바이버리 송어 농장은 규모가 그리 크지는 않다. 송어를 키우는 연못이 걸어서 한 시간이면 돌아나올 정도이고, 입구의 생선 가게와 양어장 매표소를 겸한 기념품 가게, 그리고 간단한 요리와 차를 먹을 수 있는 카페테리아는 아주 작다. 소박하면서도 시골스럽지만 정갈하게 연출된 곳이다. 외부에 설치된 그늘막에서는 많은 사람들이 차 한 잔씩을 마시며 바이버리를 감상하는 것을 즐긴다.

　더불어 바로 옆에 나란히 있는 스완호텔의 정원이 바이버리 송어 농장의 외관과 잘 어우러지며 시너지 효과를 내고 있음을 알 수 있다. 스완호텔은 역사가 17세기로 올라갈 정도로 아주 깊다. 원래부터도 마차를 끌고 여행하는 사람들을 위한 숙박업소로 시작했고 지금도 호텔로 영업 중이다. 건물의 외장이 소박한 것과는 달리 내부는 손으로 그려낸 벽화 장식에 빅토리아 시대의 앤티크 가구로 구성되어 있어 더할 나위 없이 고급스럽다. 비싼 숙박비에도 불구하고 예약이 밀려 있을 정도로 영국인들에게 인기가 많다. 바로 옆 바이버리 농장에서 사오는 송어로 요리를 해주는 것도 스완호텔의 인기 비결이다.

Cafeteria

음식이 나오면 테라스에서 식사가 가능하다. 바이버리를 흐르는 계곡 물 위에 데크가 떠 있어서 낭만적이다.

아주 간단한 송어 피시 앤드 칩스와 차를 파는 카페테리아 주방. 워낙 작은 규모로 운영되고 있어서 관리와 운영을 하는 인원도 한 사람 정도다.

Bibury Trout Fishery Farm, Cirencester, UK

고즈넉한 돌집의 아름다움

바이버리 마을은 송어가 사는 맑은 계곡 물을 따라 조용하고 아름다운
돌집이 들어서 있다. 이 마을에는 이미 1900년대 초부터 자연 보호 운동
이 활발히 일어났다. 가급적 훼손을 막고 있는 그대로를 지키려고 했던
주민들의 마음이 지금도 이곳을 세상에서 가장 아름다운 시골 마을로
남겨두고 있다.

아름다운 마을은 나 혼자만의 노력으로 이뤄지지 않는다.
이웃의 마음이 나와 같을 때 비로서 마을이 아름다워진다.
(바이버리 송어 농장 인근에 위치한 일반 가정집의 전경)

Bibury Trout Fishery Farm, Cirencester, UK

오경아의 바이버리 송어 농장 따라잡기

대개 송어 양어장은 송어를 길러 판매하는 대표적인 B2B(소비자를 직접 만나지 않는 기업과 기업의 거래 방식) 형태이다. 이런 기업들은 생산지의 경관에는 크게 신경을 쓰지 못하는 경우가 많다. 그러나 바이버리 송어 농장은 주변 풍광을 해치지 않고 또 자연을 훼손하지 않으면서 자연 계곡을 이용해 송어 농장을 연출하고 있다. 아름다운 농장은 다양한 볼거리를 제공하고, 이것만으로도 이곳을 찾아오게 하는 훌륭한 관광의 자원이 되어준다.

바이버리 송어 농장에는 수십 개로 나뉜 크고 작은 다양한 형태의 연못과 함께 낚시터, 바비큐장, 놀이터 등이 마련되어 있다. 또 이곳을 찾은 소비자가 직접 생선을 사갈 수 있는 가게(피시 마켓)와 가벼운 차와 음식을 즐길 수 있는 카페테리아, 그리고 기념품 가게가 함께 구성되어 있는 것도 큰 매력이다. 기념품 가게의 상품 구성은 탁월하다. 양어장이라는

특성을 살린 각종 물고기와 자연 보호에 관련된 서적들은 어린이용에서 전문서에 이르기까지 그 종류가 매우 다양하고, 어린이를 타깃으로 한 희귀동물의 봉제인형 등등 작은 소품 하나하나가 이곳에서만 볼 수 있는 독특한 개성을 자랑한다.

도시적 세련됨과는 다른 시골 농장의 즐길 거리, 볼거리가 제공되며, 생산의 현장이 '아름다운 경관을 만들어내는' 진정한 시골스러움을 잘 보여준다.

Information
Bibury Trout Fishery Farm
Bibury, Cirencester, Glos. GL7 5NL, UK
TEL: + 44 (0) 1285 740215 or 740212
www.biburytroutfarm.co.uk

피터샘 식물 농원
Petersham Nurseries

. . .

데이비드 오스틴 장미 농원
David Austin Rose Nursery

. . .

부르데지에르 가든센터
Bourdaisiere Garden & Centre

. . .

스톤 하우스 식물 농원
Stone House Cottage & Nursery

2부

시골이기에 더 아름다운 원예 농가
시골 문화의 꽃, 원예 농가의 변신

Nursery Garden

---》》》---

정원 문화는 도시 속에서 꽃을 피우기 어렵다. 영국의 많은 시골들이 진정으로 아름다운 것은 그곳에 진정한 정원 문화가 자리 잡혀 있기 때문이다. 우리의 시골에도 아름다운 정원 문화가 내려앉을 가능성은 없을까? 또한 이를 통해 정원 산업이 성장할 수 있는 기회는 없을까? 유럽에는 정원 식물을 재배하고 판매하는 '전문 원예 농가'가 시골 깊숙이 자리 잡고 있다. 원예 농가는 단순히 식물을 재배하는 수준에서 벗어나 찻집과 판매소, 아름다운 정원의 연출로 도시인들을 유혹한다. 원예 농가 역시도 복합 농장의 형태가 큰 인기를 얻고 있는 셈이다. 우리에게는 아직은 낯선 이 정원과 원예의 문화가 시골로부터 점차로 발전될 수는 없을까? 유럽의 많은 원예 농가들이 이러한 물음에 답을 주는 듯하다.

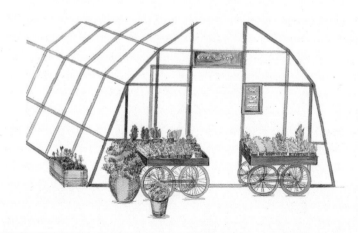

Petersham Nurseries,
Surrey, UK

도시보다 세련된 앤티크 & 빈티지
가든센터, 피터샘 식물 농원

1970년 피터샘이라는 이름의 저택에 식물을 키우는 온실이 들어서면서 피터샘 너서리의 역사가 시작되었다. 1977년 이후 이곳은 부동산 투자 회사인 가엘 앤드 프란체스코 보글리오네(Gael & Francesco Boglione)가 구입하지만 온실 운영이 중단되는 등 폐허로 오랜 시간 방치되었다. 2000년에 이르러 가엘 앤드 프란체스코 보글리오네의 창업주에 의해 아주 새로운 복원 계획이 세워지고 4년 동안의 대대적인 개조 과정을 거쳐, 2004년에 드디어 '피터샘 너서리'의 이름으로 다시 문을 열게 된다.

이후 피터샘 너서리는 매우 빠른 속도로 런던 시민들의 관심을 사며 인기가 높아졌다. 2010년에 이르러서는 영국뿐만 아니라 전 세계적인 명성을 얻게 되면서 정원 용품과 식물 판매 외에 카페와 레스토랑까지 문을 연다. 또한 창업주의 뒤를 이어 큰 딸인 라라 보글리오네가 사업을 맡으면서 좀 더 다양한 사업 확장

을 이어갔다. 라라는 피터샘 너서리의 모토를 이렇게 밝힌다. "우리는 피터샘을 런던의 번잡함 속에서 조용함을 느낄 수 있는 공간으로 만들고 싶다. 그리고 이곳에서 사람들이 자연과 그 안에서 긍정적으로 살아가는 감성을 느끼게 되기를 바란다." 지금도 피터샘 너서리는 매년 새로운 사업을 시도하고 있다. 최근에는 '피터샘 플레이 하우스(Petersham Play House)'를 만들어 희소가치가 있는 공연 예술을 선보이고 있고, '피터샘 셀러(Petersham Cellar)'를 만들어 이탈리아 와인을 영국에 소개하는 사업도 진행 중이다.

피터샘 너서리의 톤 앤드 무드는 '앤티크와 빈티지'의 느낌이다. 옛것에 대한 향수를 불러 일으키는 앤티크와 빈티지의 분위기는 도시인들의 자연과 시골에 대한 결핍을 자극하면서 향수를 불러 일으켜 오늘날 피터샘 너서리를 런던의 가장 시골스러운 볼거리로 만들고 있다.

식물을 재배하는 농장의 진화

우리네 원예 농가는 단일 품목을 집중적으로 길러내는 것이 일반적이다. 때문에 한곳에서 다양한 식물을 찾아보기 어렵다. 그러나 영국을 비롯한 유럽의 원예 농가는 이런 취약성을 극복하고자 그동안 끊임없이 새로운 시도를 해왔고, 그 결과 원예 농가 자체가 복합 서비스 공간으로 생산, 판매, 공급, 서비스를 통합시킨 종합 사업체로 재탄생하고 있다. 피터샘 너서리는 여기에 단순한 식물 판매를 넘어서 인테리어 소품, 가구, 정원 용품으로 판매 영역을 확대해 더한층 새로운 식물 농원의 모습을 보여주고 있다.

차별화된 식물 판매

피터샘 너서리의 식물 판매는 차별화되어 있다. 식물 자체를 엄선해 다른 곳에서는 잘 판매하지 않는 수종을 골라 선보인다. 또한 오래된 느낌의 꽃수레를 식물 판매대로 이용함으로써 이곳의 특징인 앤티크와 빈티지의 느낌을 더욱 강조한다. 이런 구성법은 단순히 식물을 사기 위해 이곳을 방문하는 것이 아니라 보고 즐기기 위해 찾을 수 있도록 소비자를 유혹한다.

피터샘 너서리의 상징과도 같은 입구에 놓인 꽃수레. 이곳의 정원사들은 이 꽃수레를 대문 앞에 내놓는 것으로 피터샘 너서리의 시작을 알린다.

Petersham Nurseries, Surrey, UK

The Garden Shop

정원 용품 판매

정원이 없다면 정원 용품이 필요할까라는 의문이 들지만 꼭 그렇지만도 않다. 피터샘 너서리를 방문하는 사람들 중에는 의외로 정원이 아니라 집 안을 장식하기 위해 정원 용품을 구입하는 경우가 많다. 이곳에서 판매하는 정원 용품은 매우 다양하다. 가지치기용 가위, 삽, 포크 등의 정원용 연장, 장화와 장갑, 앞치마, 모자 등의 정원 패션 용품, 화분 등의 용기와 야외 활동을 즐기기 위한 초, 와인홀더 등의 소품, 그리고 아웃도어 리빙의 핵심이 되는 가든 퍼니처와 바비큐 그릴까지……. 이런 모든 용품을 파는 전문 매장을 유럽에는 '가든 센터'라고 하는데 일종의 슈퍼마켓만큼이나 규모도 크고 개수도 많다. 그러나 피터샘 너서리는 전국 체인망을 지닌 대규모 정원 용품 판매처와는 다르다. 정원 용품 대부분이 수집으로 세계 여러 나라에서 사온 것들이 많기 때문이다. 바로 이런 특수성 때문에 새 것보다는 오히려 헌 것, 오래된 것이 때때로 더 높은 가격으로 판매된다.

가든센터란?

가든센터(Garden Centre)는 간단히 정의하자면 식물과 함께 정원 용품을 파는 상점을 말한다. 이제 막 우리나라에 소개되고 있는 상점의 형태이기 때문에 다소 생소할 수 있다. 가든센터는 원래는 식물을 재배하고 판매하던 'Plant Nursery'에서 출발했지만, 1900년대 이후 식물은 물론이고 식물에 필요한 각종 상토와 퇴비, 정원용 연장, 정원 용품, 야외용 가구, 정원 장식품 등 정원에 필요한 모든 물품을 판매하는 종합 형태로 자리 잡게 된다. 또한 최근에는 소규모의 개별적인 운영에서 벗어나 전국적인 체인망의 형태로까지 나타나고 있다. 2012년 집계에 따르면 영국의 가든센터 유통 자금은 무려 8조 원에 이르는 것으로 알려져 있다. 결론적으로 정원 문화는 단순한 취미 활동을 넘어서 산업과 경제에 큰 영향을 미치고 있음을 알 수 있다.

Garden Centre Definition

피터샘 너서리에서 판매 중인 정원 용품들.
신상품 외에도 앤티크 연장의 판매가 돋보인다.

Garden Tools

피터샘 너서리에서 판매 중인 다양한 테라코타 화분들.

피터샘 너서리에서 판매 중인 장화 디스플레이.
다양한 종류의 장화를 선택하지 않고 한 종류로 통일시켜
강렬한 디스플레이 효과를 보여주고 있다.

앤티크 가구와 소품 판매

앤티크 가구나 소품의 경우는 소비자 권장 가격이 없다. 물론 팔려는 사람의 마음대로 가격이 결정되는 것은 아니지만 디스플레이 감각이 어떠냐에 따라 가격의 설정이 매우 달라진다. 피터샘 너서리는 어떤 물건이든 그 물건이 가장 빛나고 값지게 보일 수 있도록 뛰어난 디스플레이 감각으로 연출되어 있음을 알 수 있다. 이런 노하우는 피터샘 너서리의 물건을 좀 더 고품격으로 포장시켜 고부가가치를 일으키는 요소가 되어준다.

런던 사람들의 많은 사랑을 받고 있는 피터샘 너서리의 가장
큰 매력은 단순한 식물 판매에서 벗어나 앤티크 소품을 활용
하여 예스러움을 강조해 소비자의 향수를 자극하고 있다는 점
이다.

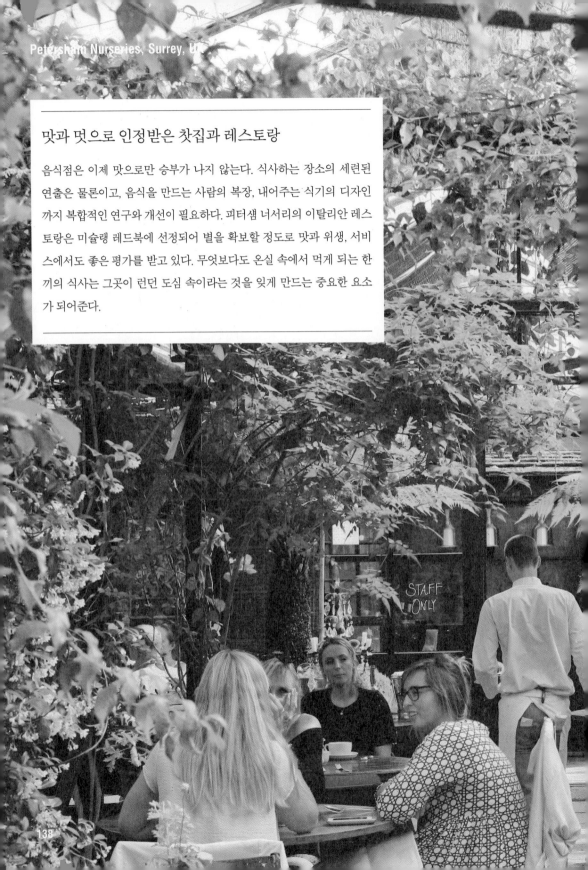

맛과 멋으로 인정받은 찻집과 레스토랑

음식점은 이제 맛으로만 승부가 나지 않는다. 식사하는 장소의 세련된 연출은 물론이고, 음식을 만드는 사람의 복장, 내어주는 식기의 디자인까지 복합적인 연구와 개선이 필요하다. 피터샘 너서리의 이탈리안 레스토랑은 미슐랭 레드북에 선정되어 별을 확보할 정도로 맛과 위생, 서비스에서도 좋은 평가를 받고 있다. 무엇보다도 온실 속에서 먹게 되는 한 끼의 식사는 그곳이 런던 도심 속이라는 것을 잊게 만드는 중요한 요소가 되어준다.

온실 속에서 즐기는 한 잔의 차와 음식은
런던이라는 대도시 안에서도 진짜 시골
스러움이 무엇인지를 맛보게 한다.

피터샘 너서리는 상점이라는 느낌보다는 탁월
한 인테리어와 음식 솜씨를 지닌 친구 집에 초
대를 받은 것처럼 모든 것이 정겹고 아름답다.

OPEN: TUE - SAT: 10 - 4:30

TEAHOUSE

ENTRANCE

오경아의 피터샘 너서리 따라잡기

피터샘 너서리는 식물과 정원 용품을 판매하는 곳이지만 딱히 정원을 가꾸지 않는 도시인들에게도 인기가 많다. 빈티지 느낌의 가구와 소품들은 매우 소박하면서도 시골스럽지만 도시의 모던한 집 안을 장식하는 데도 그만이기 때문이다. 탁월한 소품을 고르는 감각, 여기에 맛있는 음식과 서비스, 식물이 복합적으로 어우러져 있어 집 안과 정원을 아름답게 꾸미려는 소비자들의 로망을 아주 잘 공략하고 있다.

피터샘 너서리의 무엇보다 큰 매력은 어디에나 있는 기성품을 파는 곳이 아니라는 점이다. 화분의 경우도 앤티크나 빈티지의 느낌을 강조하고 있어서 기성품을 거의 취급하지 않는다. 이런 전략 덕분에 반복해서 방문을 해도 늘 새로운 상품을 만나게 된다는 기대를 갖게 한다. 또한 이곳에서는 되도록 많은 양의 물건을 한꺼번에 수납 진열하는 방식이 아니라 개별 소품들이 낱개로 빛을 낼 수 있도록 디스플레이에 신경을 쓴다. 물건 가격이 다소 비싸더라도 그 희소성에 가치를 둘 수 있도록 하는 것이다.

레스토랑의 운영은 피터샘 너서리의 가장 큰 수입원이기도 하다. 찾아오는 손님들에게 식사를 제공하는 것이 원칙이지만 가족 모임이나 결혼식 피로연 등의 행사를 예약하는 경우에는 일반 손님을 받지 않고 특별 식사 시간을 마련해준다.

홈페이지 운영도 성실하다. 피터샘 너서리의 새로운 소식과 함께 무엇을 즐기고 사갈 수 있는지를 상세하게 노출해놓은 것이 소비자들에게 좋은 정보가 된다.

> **Information**
> **Petersham Nurseries**
> Church Lane, Petersham Road, Richmond,
> Surrey, TW10 7AB, UK
> TEL: 020 8940 5230
> Email: info@petershamnurseries.com

David Austin Rose Nursery,
Wolverhampton, UK

장미를 생산하는 전문 원예 농가
데이비드 오스틴 장미 농원

데이비드 오스틴은 '장미의 황제'라는 별칭을 지니고 있는 영국의 식물 재배가다. 그는 1961년부터 지금에 이르기까지 오로지 장미의 새로운 품종을 만들어내는 일에 힘써왔다. 지금까지 그가 개발한 장미는 200여 종이 넘고 영국을 넘어서 전 세계적인 인기를 얻고 있다.

우리나라에도 최근 이 데이비드 오스틴 장미가 수입을 시작했을 정도다. 데이비드 오스틴 장미의 특징은 강한 향기와 겹겹이 쌓여져 있는 독특한 꽃잎의 형태, 그리고 물감을 섞어 연출한 듯한 파스텔톤의 다양한 꽃잎의 색채다. 장미를 개발하는 방식은 모태가 되는 찔레꽃 종에 작약 등의 다른 식물을 접목하고, 이를 통해 나온 혼혈종에 다시 장미를 접붙인다. 데이비드 오스틴의 장미 농가는 다른 식물 없이 '장미'라는 단일 식물로만 전문 장미 농원을 만들었는데, 원예 농가로서는 가장 성공한 기업으로 꼽히기도 한다.

세상의 모든 장미

데이비드 오스틴 장미 농원은 대규모의 장미 재배 온실을 갖추고 있다. 이곳에서는 매일 하루도 빠짐없이 장미를 생산한다. 재배된 장미는 뿌리까지 함께 화분에 담아 판매하기도 하지만, 대부분은 꽃대를 잘라 꽃꽂이 이용으로 적합하게 만들어 판매한다. 데이비드 오스틴은 원예가로 평생 동안 좀 더 지속적으로 꽃을 피워주고, 향기와 색상이 좋은 장미를 만들기 위해 연구해왔다. 흔히 그를 '영국을 장미의 나라로 만든 사람'이라고도 하는데, 그 말이 과하지 않을 정도로 그가 일궈낸 장미의 전문성은 탁월하다.

장미 재배의 역사

인류가 장미를 정원에 심을 관상용 식물로 재배한 때는 무려 5,000년 전의 일이다. 고대 바빌론의 왕국에서 장미를 재배했던 흔적이 남아 있고, 이집트의 벽화에서도 장미가 등장한다. 장미를 다른 종의 식물과 결합시켜 새로운 종을 만들어내는 기법은 중국에 의해 발달된다. 유럽에 장미 기술이 도입된 것은 역사적으로 늦은 시기인 17세기였다. 그러나 이후 유럽은 비약적인 발전을 이뤄 훗날 장미 재배의 강국으로 급성장한다. 특히 프랑스 나폴레옹 3세의 아내 조세핀이 조성한 장미 정원, 말메종 로즈 가든(Malmaison Rose Garden)은 장미라는 단일 수종으로 전체 정원을 만든 세계 최초의 '장미 정원'으로 여겨진다.

David Austin Rose Nursery, Wolverhampton, UK

데이비드 오스틴 장미 농원의 온실. 정원사가 되도록 허리를 구부리지 않도록 장미를 키우는 베드의 키를 높여놓았다. 온실에 따로 난방을 하지는 않지만 유리 온실 효과로 안쪽 온도는 바깥보다 5℃ 정도 높다. 장미꽃은 한겨울에도 꽃꽂이용으로 판매되기 때문에 온실은 언제나 따뜻한 가운데 건강하고 아름다운 장미를 피워내는 최적의 환경을 유지해야 한다.

식물을 담을 수 있는 쇼핑 카트.

장미 판매

데이비드 오스틴 장미는 인터넷으로도 쉽게 주문이 가능하지만, 눈으로 직접 보고 구매하기 원하는 소비자를 위해 현장 판매소도 운영하고 있다. 야외에서는 다양한 종의 장미를 판매하고 건물 안에서는 각종 정원 용품과 인테리어 소품을 판매한다.

데이비드 오스틴 장미 농원에서는 장미를 판매하는 곳 외에도 장미와 관련된 여러 소품과 씨앗,
책 등을 사갈 수 있는 매장을 따로 두고 있다.

정원을 꾸미는 데 활용될 다양한 소품들.

장미를 위한 전용 거름.

정원 용품을 파는 상점. 다양한 인테리어 소품도 함께 판매한다.

David Austin Rose Nursery, Wolverhampton, UK

장미 재배가가 만든 장미 정원

단일 수종으로 정원 전체를 꾸미는 일을 매우 어렵다. 그러나 장미의 경우는 품종의 다양성과 꽃의 화려함으로 이미 오래전부터 장미만으로 구성된 단독 정원이 각광을 받아왔다. 장미는 덩굴형과 관목형으로 크게 구별된다. 관목형은 키를 50센티미터 이하로 낮춰 튼튼한 줄기에서 큰 꽃을 피우게 도와주고, 덩굴형은 아치 등을 이용해 구조적으로 아름답게 연출할 수 있다. 데이비드 오스틴 장미 농원의 장미 정원 중 수로처럼 길쭉한 연못이 있는 풍경.

David Austin Rose Nursery, Wolverhampton, UK

장미는 5월에서 10월까지 절정을 맞는다.
어느 것 하나 같은 것이 없는 각양각색의 장미가
데이비드 오스틴 농원의 장미 정원을 빼곡히 채우고 있다.

David Austin Rose Nursery, Wolverhampton, UK

오경아의 데이비드 오스틴 장미 농원 따라잡기

식물에게도 베스트셀러와 스테디셀러가 있다. 갑작스러운 유행으로 특정 식물이 떠오르는 경우를 베스트셀러라고 한다면 장미는 전형적인 스테디셀러다. 취향의 차이는 있을지 몰라도 세상의 어떤 식물보다 광범위하게 아주 오랜 세월 동안 사랑을 받고 있기 때문이다. 데이비스 오스틴의 장미를 모아 만든 장미 정원은 더할 나위 없는 관광의 요소가 되어준다. 정원은 1년 내내 문을 열지만 장미가 꽃을 피우지 않는 시기에는 정원 입장료를 받지 않는 등의 계절에 따른 배려를 잊지 않는다.

데이비드 오스틴 장미 농원의 성공 요인 중 가장 중요한 것은 오너인 데이비드 오스틴의 정체성이다. 오직 장미 재배자로서 50년을 살아온 그이기 때문에 단순히 장미를 얼마나 많이 재배하느냐가 아니라 그 품종의 다양성과 질에 있어서 현격한 차별성이 있기 때문이다.

데이비드 오스틴 장미 농원은 B2B(사업체와 사업체 사이의 판매)가 주된 판매 방식이지만, 최근 농장에 새로운 복합 쇼핑 건물을 완성하고 B2C(사업체와 소비자의 직접 판매)를 적극적으로 시도하고 있다. 농원은 일반인들에게 재배 온실을 공개하는 것은 물론이고, 지은 지 얼마 되지 않았지만 영국의 전통 건축 양식을 그대로 따른 쇼핑센터와 레스토랑으로 농원의 분위기를 더욱 멋스럽게 만들고 있다. 최근 인터넷을 통해 더욱 사업을 확장한 데이비드 오스틴 장미 농원은 현재 미국, 일본 등에 지사를 설치하고 전 세계로 장미를 수출하고 있기도 하다.

Information
David Austin Rose Nursery
Bowling Green Lane, Albrighton,
Wolverhampton , WV7 3HB, UK
TEL: + 44 (0) 1902 376300
Email: retail@davidaustinroses.com

Chapter
08
garden

Bourdaisiere Garden & Centre,
Montlouis Sur Loire, France

시골을 사랑한 프린스의 정원
부르데지에르 가든센터

부르데지에르 정원은 프랑스의 루아르(Loire) 지방에 위치해 있다. 원래는 14세기 르네상스 시대에 큰 성이 먼저 지어졌고 16세기에 정원이 완성되었다. 이곳의 성과 정원은 이미 역사적으로 명성이 있었던 곳으로 레오나르도 다 빈치가 생애 마지막을 이 성에서 보낸 것으로도 유명하다. 현재의 주인은 전통 귀족 집안의 후손인 루이 알베르 드브로이 왕자다. 그는 집안 소유의 땅이었던 이곳을 팔려고 내놓겠다는 계획을 듣고 자신이 직접 이곳의 정원사가 되겠다며 파는 것을 말렸다고 전해진다. 그리고 이후 실제로 그는 이곳의 정원사가 되어 지금까지도 정원을 관리하고 지역인들과 함께 신개념 유기농 파머컬처(Permaculture)를 실행하고 있다. 또한 정원을 토마토와 달리아 식물로 특화시켜 세계적인 관광지로 개발시키는 중이기도 하다.

토마토 정원의 탄생

1995년부터 수집을 시작해 가꾸어온 결과 부르데지에르 정원에는 무려 650종이 넘는 토마토가 자라고 있다. 각양각색의 열매를 맺는 토마토가 맺힐 무렵 정원에서는 토마토 축제가 열린다. 정원은 4월에서 11월 15일까지 문을 열고, 이 기간 중에는 일반인들도 입장료를 지불하고 관람이 가능하다. 토마토만의 단일 작물로 구성된 정원은 자칫 밋밋할 수도 있지만 여러 테마가 혼합되어 있는 정원에 비해 강렬한 특징이 살아 있어 오히려 더 많은 관심을 끌기도 한다.

Rose de Berne

Paul
Robeson

Les tomates sont
plantées de mi-mai à
mi-juin.

Elles arrivent à
maturité de fin juillet
à début septembre.

Le festival de la tomate
a lieu les 10 et 11
septembre 2011.

토마토와 대통령

토마토는 미국의 2대 대통령이었던 토머스 제퍼슨에 의해 세계적으로 널리 알려진 식물이기도 하다. 토머스 제퍼슨은 정치인이 되지 않았다면 정원사로 살았을 것이라는 말을 늘 해왔고, 대통령직에서 물러난 이후에는 자신의 농장에서 토마토와 정원을 가꾸며 평생을 살았다. 토마토는 열매의 모양, 색깔이 매우 다양하여 먹는 것뿐 아니라 관상용으로도 많은 사람들의 사랑을 받아왔다.

GOLDEN
QUEEN

GOLDEN
SUNRAY

달리아 정원

달리아는 멕시코 인근이 자생지인 여름 꽃이다. 7월에서 8월 사이에 장미만큼이나 크고 화려한 색상의 꽃을 피운다. 부르데지에르 정원의 달리아는 비교적 역사가 짧다. 그러나 2009년부터 수집한 수백여 종의 달리아를 다양한 방식으로 심고 가꿔 빠른 속도로 달리아 정원으로서의 모습을 갖춰가고 있다. 이렇게 한 종류의 식물을 다양한 방식으로 심어 정원을 조성하게 되면 관리가 수월하다는 장점 외에도 보는 이의 머릿속에 토마토 정원, 달리아 정원 등으로 이미지를 강렬하게 남길 수 있기 때문에, 조성 비용이 많이 드는 복합 구성의 정원보다 저비용으로 큰 효과를 얻을 수 있다.

달리아는 전체 크기에 비해 매우 큰 꽃을 피우는 대표적인 식물 가운데 하나다. 더불어 색상이 매우 다채롭고 화려하고 꽃의 형태도 홑꽃에서 겹꽃에 이르기까지 다양한 연출이 가능하다. 이 때문에 멕시코 인근이 자생지인 달리아는 영국은 물론 전 세계 여러 나라에서 많은 사랑을 받고 있다. 그러나 겨울 추위에 약하기 때문에 프랑스와 영국은 물론 우리나라에서도 얼음이 얼기 전 땅에서 뿌리를 다 캐주는 노력이 필요하다.

정원에서의 식사

부르데지에르 정원에서 공식적으로 레스토랑을 운영하는 것은 아니지만, 숙소에 머무는 손님들의 특별한 행사를 위한 요리 공간이 마련되어 있다. 결혼식이나 가족 모임 등으로 예약을 잡게 되면 정원에 마련된 부엌에서 직접 요리하고 식사를 할 수 있다.

마구간을 개조한 찻집과 정원 용품 판매소

부르데지에르 정원은 다녀가는 손님들이 간단히 차를 마시고 정원 용품을 사갈 수 있도록 판매소를 마련하고 있다. 이곳에서 파는 모든 정원 용품의 디자인은 부르데지에르에서 직접하고 있기 때문에 용품 모두에 브로이 집안의 문장이 새겨져 있다. 이 문장은 정원의 주인인 왕자가 직접 디자인한 것으로 자신이 정원에서 늘 일하며 쓰는 밀짚모자와 빨간색 정원용 재킷에서 아이디어를 얻었다. 이를 통해 부르데지에르 정원의 고급스러움을 잘 부각시키고 있다.

Garden Shop

부르데지에르 정원의 상점에서 판매하는 동으로 만들어진 고가의 물주전자. 소박한 인테리어와 달리 상점에서 파는 물건은 재료와 디자인의 질이 높아 가격이 비싸다.

오경아의 부르데지에르 가든센터 따라잡기

과연 시골의 삶이 도시보다 더 고급스럽고 질 높다는 것은 어떤 것일까? 여기에 대한 답을 부르데지에르 정원이 아주 매력적으로 보여준다. 물론 이 정원이 이런 매력을 발산할 수 있는 연유는 귀족 가문의 왕자가 이 정원을 만들고 있다는 점이 가장 크다. 사실 정원의 조성과 관리는 생각보다 많은 경제력을 요구한다. 이것은 인류 역사상 동서고금을 막론하고 정원 문화가 서민에 의해서가 아니라 귀족에 의해 발달되었다는 점으로도 충분히 증명된다. 그리고 이런 점 때문에 정원 문화는 인간이 누릴 수 있는 최고의 호사 취미라는 이야기도 한다.

그런데 정원 문화는 명품 옷을 걸치고, 좋은 차를 몰고, 집 안을 화려하게 꾸미는 것과는 차원이 다른 '고급'을 추구한다. 자연을 가까이 하며 내면의 나를 아름답게 치장하는 일이기 때문이다. 부르데지에르는 단순히 경제력이 충분해서가 아니라 이 고급의 호사 문화를 얼마나 잘 즐기고 있는지를 보여주는 정원이라고 볼 수 있다. 때문에 지극히 고급스럽고 사치스러운데도 그것이 눈에 거슬리거나 위화감을 조성하지 않고 충분히 매력적이고 충분히 다정하다. 정원 문화가 왜 시골 문화의 핵심이 되는지, 정원이 어떻게 도시보다 훨씬 더 고급스럽고 질 높은 시골생활을 만들어내는지를 잘 보여주고 있다.

> **Information**
> **Bourdaisiere Garden & Centre**
> Castle Bourdaisière 25 rue de Bourdaisière
> Montlouis sur Loire, France
> TEL: + 33 (0) 2 47 45 16 31
> Email: contact@chateaulabourdaisiere.com

Stone House Cottage & Nursery,
Worcestershire, UK

작은 원예 농가의 소박한 행복
스톤 하우스 식물 농원

한적한 시골이다. 식물을 판매하는 장소라고 해서 들어섰는데 파는 듯 보이는 식물만 가득할 뿐 계산을 하는 직원조차 없다. 식물마다 가격이 매겨져 있고, 그 옆에 자율 계산통이 있는데 만약 근처에 직원이 보이지 않으면 식물 값과 정원 관람료를 통 안에 넣고 가져가라는 메시지가 종이에 쓰여 있다. 이래도 되나 싶을 정도로 장사를 하겠다는 의지가 보이지 않는다. 자율 계산통에 정원 관람료를 내고 들어섰다. 그런데, 상황이 완전 역전이다. 그간 수많은 정원을 다녀봤는데도 '우와!'라는 감탄이 새삼스럽게 튀어나오는 정원이었다.

무엇보다 눈길을 끈 것은 그동안 본 적 없는 색상, 본 적 없는 형태의 식물이 가득하다는 점이었다. 게다가 모든 건물이 붉은 벽돌이다. 붉은 벽돌이라는 배경을 이미 염두에 둔 듯 식물의 색상 조화가 기막히게 잘 어우러진다. 사진기 셔터를 누를 때마다 색감이 오롯이 더 강조

되면서 진정한 식물 디자인의 진수를 보고 있음을 실감한다. 1974년까지만 해도 붉은 담장이 사면으로 높게 쳐 있는 텃밭 정원이었던 이곳을 지금의 주인이 사들여 사계절 식물의 아름다움을 볼 수 있는 정원으로 디자인했다.

스톤 하우스 식물 농원의 최대 수입은 식물 판매다. 식물을 판매하는 사람조차 없는 곳에서 식물 수입이 가장 많다는 것이 이해가 잘 안 될 수도 있지만, 거의 모든 식물 거래가 전화와 인터넷을 통해 이뤄지기 때문이다. 소비자 개인에게 직접 판매하는 것보다는 식물원이나 기관에서처럼 식물을 쓰는 단위가 큰 곳에서의 단체 주문이 많다. 또한 작고 소박한 이 스톤 하우스 식물 농원은 정원사와 같은 전문가들에게 특히 인기가 많다. 이곳에만 있는 식물들이 적지 않기 때문이다. 식물에 조예가 깊은 사람들에게는 이미 잘 알려진 명품 식물 판매 장소라고 할 수 있다.

스톤 하우스의 특별한 식물들

스톤 하우스 식물 농원은 재배 기술을 이용해 새로운 식물을 만들어내는 전문 원예 농가다. 때문에 어느 곳에서도 보지 못한 좀 더 아름다운 색상과 모양을 지닌 식물들을 만날 수 있다. 식물 재배는 특별한 재배 기술을 필요로 하기 때문에 충분한 숙련의 시간이 필요하다. 전문 원예 농장의 성공은 그 농장만이 가지고 있는 특별한 식물로부터 시작됨을 잊지 말자.

Stone House Cottage & Nursery, Worcestershire, UK

스톤 하우스는 작은 농원이지만,
그 어떤 곳에서 구하기 힘든 다양한 품종의 식물을
만날 수 있어 마니아층의 방문이 이어진다.

정원사? 식물 재배가? 가든 디자이너?

정원사(Gardener)는 정원을 관리하는 사람을 말한다. 식물
의 관리가 가장 주된 일이지만 식물을 잘 키우는 일 외에도
정원의 물 관리, 연못 관리, 기타 시설의 관리까지도 다 포함
한다.

식물 재배가(Nurseryman)는 일종의 농부로 먹는 식물뿐
만 아니라 관상용 식물을 직접 재배하는 사람을 말한다. 새
로운 종을 개발해서 신품종을 만들어내는 일도 포함되고,
이를 판매하는 일을 직접 하기도 한다.

반면, 가든 디자이너(Garden designer)는 정원의 설계자
다. 건축가와 마찬가지로 정원의 밑그림을 그려주고 어떻게
정원을 만들 수 있을지를 디자인해주는 사람이다.

식물의 재배 문화

인류가 새로운 식물 품종을 만들기 시작한 것은 고대로 거슬러 올라간다. 역사가 이렇게 깊다는 것은 인간의 원초적 본능에 식물을 재배하고 싶어 하는 열망이 있다는 증거이기도 하다. 전문화된 원예 농가는 현재 우리나라에서는 그 사례를 찾기 힘들 정도로 아직은 미개척 분야이다. 그러나 정원 문화가 발달하기 위해서는 원예 농가의 전문화가 필수적이다. 또한 정원 문화의 발달은 당연히 전문화된 식물을 개발하고 생산 판매하는 원예 농가의 등장을 가져올 수밖에 없다.

Plant Sale

소박하지만 특별한 식물 판매

스톤 하우스 식물 농원은 일반인보다는 전문가들에게 사랑을 받는 원예 농가다. 여느 식물 농원에서 쉽게 구할 수 없는 식물종들이 많은 터라 각각의 판매가는 상당히 높은 편이다. 그러나 이런 특별함과는 달리 농장 자체는 소박하기 그지없다. 심지어 식물을 판매하는 곳은 직원조차도 보이지 않고 필요한 식물은 자율 요금통에 돈을 넣고 가져가면 된다고 쓰여 있다.

스톤 하우스의 정원

스톤 하우스 식물 농원의 정원은 이곳을 운영하는 부부의 사택이기도 하다. 넓지 않은 공간이지만 직접 재배한 아름다운 식물들로 가득하고, 다양한 식물들을 감상할 수 있기에 입장료 5파운드(약 9,000원)가 아깝지 않은 공간이다.

Stone House Cottage & Nursery, Worcestershire, UK

평범하지 않은 꽃들로 가득 찬 스톤 하우스 식물 농원의 정원은
식물 하나하나를 쉽게 지나치지 못하게 하는 매력을 발산한다.

오경아의 스톤 하우스 식물 농원 따라잡기

스톤 하우스 원예 농가는 원래 루이자와 제임스 랭커스터 부부에 의해 시작되었다. 그러나 지금은 남편인 제임스가 은퇴하고 루이자와 함께 정원사 로이가 식물을 생산하고 있다. 이 농원은 식물을 재배하고 생산하는 1차 산업에 좀 더 중점을 두고 있다. 여기에 자신이 살고 있는 집과 정원을 찾아오는 손님들에게 입장료를 받고 공개하고 있을 뿐이다. 기타 찻집이나 카페테리아 등의 부대시설은 전혀 없어서 정원 공개가 상업적으로 큰 역할을 하고 있지는 않다는 것을 잘 알 수 있다.

스톤 하우스 식물 농원의 전략은 식물의 전문성에 있다. 루이자는 씨앗, 꺾꽂이, 뿌리 나누기 등을 통해 식물을 생산하는 데 주력하고 있고, 더불어 새로운 품종을 개발하는 데도 많은 노력을 기울이고 있다. 때문에 다른 농장에 서 찾을 수 없는 다양한 품종을 이곳에서 살 수 있기에 전문 정원사는 물론이고 일반인에게도 널리 알려진 원예 농가이다.

선택과 집중이라는 측면에서 봤을 때, 모든 것을 다 갖추려 하지 않고 식물 생산에만 집중하고 있기 때문에 두 명의 정원사만으로도 농장 운영이 가능한 셈이다. 작지만 강한 원예 농가의 저력이 느껴지는 곳이다.

Information

Stone House Cottage & Nursery

Kidderminster, worcesterhire, Dy10 4BG, UK

TEL: + 44 (0) 7817 921146

Email: louisa@shcn.co.uk

아름다운 정원 식당, 르 마누아
Le Manoir aux Quat'Saisons

· · ·

암스테르담 온실 식당, 드 카스
Restaurant De Kas

· · ·

이탈리안 낭만 식당, 살리스 블루
Ristorante Salice Blu

3부

맛있고 멋있는 시골 식당의 진화
유명 셰프들이 시골로 몰려든다!

Country Restaurant

➤➤➤➤

요즘 한국사회는 요리사와 요리의 전성시대를 보는 듯하다. 이런 요리의 시대가 지나고 나면 그다음 무엇이 올까, 기대 반 설렘 반을 가져본다. 건강하고 맛있는 요리는 건강한 먹을거리로부터 시작된다. 때문에 요리사의 전성시대는 이제 그 재료를 만들어내는 텃밭 정원에의 관심으로 이어질 게 분명하다. 무엇보다 우리가 주목할 것은, 최근 유럽의 젊은 요리사들이 도시를 떠나 시골로 향하고 있다는 점이다. 이런 현상의 가장 큰 요인에는 역시 건강한 먹을거리를 직접 재배하고 싶다는 열망이 있다. 건강하고 저렴하고 맛있는 요리를 만들어내기 위해 시골로 향한 요리사들의 레스토랑에서 우리 시골의 또 다른 가능성을 찾아볼 수 있지 않을까 한다.

Le Manoir aux Quat'Saisons,
Oxfordshire, UK

아름다운 정원, 아름다운 텃밭, 아름다운 맛
르 마누아 오 콰세종

영국 옥스퍼드셔에 위치한 르 마누아 오 콰세종(줄여서 '르 마누아')은 미슐랭 가이드에서 두 개의 별을 받은 식당으로, 이 고급 레스토랑의 주인은 프랑스 출신의 영국인 레이몽드 블랑이다. 그가 르 마누아 레스토랑을 연 것은 1977년이었다. 프랑스인이지만 젊은 시절 영국에 정착해 웨이터로 일을 시작했던 블랑은 아주 우연한 기회에 주방 일을 시작했는데, 이것이 그의 운명을 바꾸는 계기가 된 것이다. 르 마누아 레스토랑의 요리는 프랑스 시골 요리에 현대적인 느낌을 가미한 일종의 퓨전 스타일이다. 시골에 위치한 레스토랑이지만 전 세계적인 명성에 걸맞게 예약이 3개월 이상 밀려 있을 정도로 인기가 높다.

르 마누아는 크게 식당·호텔로 건물이 분리되어 있고, 여기에
정원이 넓게 펼쳐져 있다. 정원은 다시 텃밭 정원, 70여 가지
의 허브를 키우는 허브 정원, 일본 정원으로 나뉜다. 정원의 관
람은 누구나 가능하지만 식당·호텔은 예약이 필수다. 평균적
으로 성수기에는 3개월 정도 미리 예약을 해두어야 식당과 호
텔을 이용할 수 있다.

↑ ORGANIC
VEGETABLE GARDEN

← 17TH CENTURY
WATER GARDEN

← THE JAPANESE
TEA GARDEN OF
FUGETSU-AN

→ HERB GARDEN
CLOCHE TUNNELS

미슐랭 가이드가 선정한 별점 제도 —————

1900년부터 자동차의 타이어를 만드는 회사인 미슐랭(Michelin)은 프랑스 전역에 찾아갈 만한 장소와 식당을 소개하는 안내서를 만들기 시작했다. 이때 장소에 등급을 매겼는데, 등급은 하나에서 셋까지의 별로 표시된다. 지금도 미슐랭의 가이드북은 계속 발매 중인데 프랑스에 이어 벨기에(1904), 알제리와 튀니지아(1907) 등으로 확대되었고, 현재는 유럽 전역을 비롯해 미국과 일본에 이르기까지 특별한 식당과 가볼 만한 장소를 안내하고 있다.

　미슐랭의 별점을 받게 되는 식당은 전혀 신분 노출이 되지 않은 전문 심사 위원에 의해 맛, 위생, 조미료의 사용 여부에 이르기까지 철저한 기준으로 평가되기 때문에 요리사들의 명예로 여겨진다. 별점에 의한 평가는 가는 길에 들러볼 만한 좋은 식당(✽), 길을 우회해서라도 가볼 만큼 훌륭한 식당(✽✽), 특별히 식당 자체가 여행코스가 될 만큼 예외적으로 좋은 식당(✽✽✽)으로 선정된다.

Le Manoir aux Quat'Saisons, Oxfordshire, UK

미슐랭 별점 두 개의 최고급 레스토랑

레이몽드는 요리란 무엇보다 그 재료가 좋아야 하고 그러기 위해서는 채소와 과일 등을 직접 재배할 수밖에 없다고 생각했다. 그런 이유에서 그는 식당과 함께 텃밭 정원을 구상했고, 그 텃밭에서 나오는 재료를 활용해 지금도 요리를 하고 있다.

레이몽드는 자신이 하고 있는 요리의 원천이 어머니와 자신이 살았던 프랑스 동쪽의 작은 마을 프랑세 콤테(France-Comte)라고 말한다. 무엇보다 그의 요리가 각광을 받을 수 있었던 이유는 널리 알려진 고급 프랑스 요리가 아니라는 점이었다. 고급 레스토랑의 메뉴가 아닌 프랑스의 시골 사람들이 즐겨 먹는 메뉴에서 개발한 그의 요리에는 진한 토속의 맛이 느껴진다고 평가된다.

신선한 재료의 신속한 공급을 위한 텃밭 정원

르 마누아의 텃밭 정원에서는 90여 종이 넘는 채소를 재배한다. 이곳의
주인이자 요리사인 레이몽드는 매일 아침 식당의 문을 열기 전에 정원
에서 정원사를 만나 재배하고 있는 채소의 상태를 점검하고 어떤 채소
를 새롭게 개발하면 좋을지를 의논한다. 단순한 재배에서 벗어나 보고
즐기는 맛을 강조한 허브 정원(오른쪽)에는 동으로 만든 공작 조각을 포
함해 다양한 예술품이 함께 전시되어 있다. 식당에 채소를 공급하기 위
한 텃밭이면서도 정원으로서의 보는 맛을 최대치로 끌어올려 손님들의
발길을 식당으로 더 많이 이끄는 요소가 되고 있다.

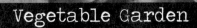

르 마누아 텃밭 정원에서 자라는
완전 오르가닉 농법의 채소들.

Japanese Garden

르 마뉴아 정원에 조성된 일본 정원. 일본인 디자이너가 직접 설계한 도면으로 완성하여 현지인들에게 더욱 이국적인 동양 정원의 모습을 보여준다.

숙식형 요리 학교와 호텔

르 마누아 레스토랑에서 운영 중인 요리 학교는 커리큘럼이 매우 다양하다. 전문 요리사를 양성하는 6개월에서 1년 과정의 강의도 있지만, 일반인들을 위한 일주일 단위의 요리 강의도 다채롭게 마련되어 있다.

　호텔은 오래된 건물을 수리했지만 정원이 딸린 테라스가 제공되며 인테리어를 최대한 고급스럽게 구성해 3개월 이상 예약이 밀려 있을 정도로 인기가 좋다. 장기간 요리 강의를 수강해야 하는 학생에게 제공되는 숙소도 호텔과 함께 운영 중이다.

르 마누아 레스토랑에서 운영 중인 호텔(아래)과 요리 학교(오른쪽) 전경.

정원이 아름다운 호텔

르 마누아 레스토랑은 단순한 식당 경영에서 벗어나 숙박업을 함께 하고 있다. 르 마누아 호텔의 독특함은 정원의 구성이다. 각각의 숙소마다 방문을 열면 정원을 바로 접할 수 있도록 구성되어 있다. 또한 외부 잔디 밭을 결혼식장으로 대여하기도 하는 터라 호텔은 하객들로 예약이 가득 차곤 한다.

Hotel & Garden

Le Manoir aux Quat'Saisons, Oxfordshire, UK

르 마누아는 어느 때 예약해도 식당은 물론 호텔까지 3개월 이상은 기다려야 할 만큼 인기가 높다. 그러나 단순히 맛있는 음식만으로 이런 인기를 얻고 있는 것은 아니다. 르 마누아가 다른 식당과 특별히 차별화된 것은 바로 정원이다. 요리사 레이몽드는 요리뿐 아니라 정원사로서도 손색이 없을 만큼 식물을 재배하는 데 탁월한 감각을 지니고 있다. 그의 정원에 대한 열정은 많은 곳에서 발견된다. 전문 정원사를 고용해 정원을 끊임없이 관리하고, 단순히 식물로만 정원을 채우는 것이 아니라 예술 작품과의 조화를 맞추는 등 정원을 디자인하는 감각도 탁월하다. 어찌 보면 오히려 식당 내부의 인테리어가 별 특징 없이 평범하게 느껴질 정도로 정원에서 받게 되는 감동이 크다.

르 마누아의 예약 손님 가운데 상당 부분은 결혼식 하객들이다. 물론 이곳에서 결혼식을 올리는 것도 가능하고, 참석한 하객들에게 숙소를 제공할 수 있는 것도 큰 장점이 된다. 아직 우리나라에는 많이 도입된 방식이 아니지만 유럽에서는 하우스 웨딩, 즉 집에서 직접 결혼식을 치르는 것이 보편적이다. 그러나 주거지가 작거나 손님을 초대하기 여의치 않은 곳에서는 르 마누아와 같은 장소를 선호할 수밖에 없다. 이럴 경우 그 장소가 도시가 아니라 시골이라는 장점이 크게 부각된다. 결혼식을 치를 수 있는 너른 장소, 고급스러운 음식을 즐길 수 있는 식당, 거기에 어느 호텔보다 고급스럽고 세련된 숙박소까지 결합이 되면 더할 나위가 없기 때문이다.

물론 르 마누아와 같은 운영을 하기 위해서는 여러 가지 조건이 선행되어야 한다. 미슐랭 가이드에 두 개의 별점을 받을 정도로 뛰어난 음식 맛을 지녀야 하고, 정원을 가꿀 수 있는 능력과 관심, 그리고 호텔의 운영까지 복합적인 경영이 필요하기 때문이다. 그러나 레이몽드 역시도 처음부터 모든 것을 한꺼번에 시작하지는 않았다. 요리에 자신이 있다면 식당부터 하나씩, 천천히 가능성을 키우며 시작해볼 만하지 않을까!

Information

Le Manoir aux Quat'Saisons

Church Road, Great Milton, Oxford, OX44 7PD, UK

TEL: + 44 (0) 1844 278 881

Email: manoir.mqs@belmond.com

Restaurant De Kas,
Amsterdam, Netherland

버려진 온실을 세련미 가득한
북유럽 레스토랑으로, 드 카스

1926년 이곳은 식물을 키우던 너서리였다. 이 온실을 식당으로 개조한 것이 2001년의 일이다. 드 카스 레스토랑의 주인은 게르트 장 헤이그만(Gert Jan Hageman)으로 오랫동안 버려졌던 온실을 인수해 토마토, 가지, 멜론 등을 키우는 텃밭 정원과 함께 식당을 연출한다. 요리사인 그의 꿈은 채소와 농산물을 직접 재배해 식탁에 공급하는 것이었다. 드 카스 레스토랑은 온실 외에도 외부에 모던하면서도 세련된 텃밭 정원이 조성되어 있다. 이곳에서 생산되는 모든 채소와 과일이 드 카스의 주방으로 보내진다. 최근 헤이그만은 요리사로서의 일보다는 정원사로서의 일로 더 분주한 나날을 보낸다고 한다. 전체 정원을 총괄하는 사람도 역시 그다. 그는 1년 동안 텃밭과 온실을 어떻게 연출하고 그 안에서 무엇을 수확할지를 계획하고 섬세하게 관리한다.

Restaurant De Kas, Amsterdam, Netherland

미슐랭 별점의 최고급 레스토랑

헤이그만의 드 카스는 미슐랭 가이드에 별점을 받고 있는 고급 레스토랑이다. 덕분에 드 카스는 암스테르담의 시민뿐 아니라 전 세계 관광객들이 일부러 찾아오는 곳이기도 하다. 드 카스 레스토랑에서는 대부분의 재료를 직접 온실과 외부 정원에서 수확해 사용한다. 물론 재배 과정자체가 전혀 화학적 비료나 살충제를 쓰지 않는 완전 유기농 방식이다. 유기농을 하려면 무엇보다 퇴비를 직접 만들어 쓸 수 있는 노하우가 필요한데, 드 카스는 헤이그만의 노력으로 이를 잘 이루어내고 있다.

Restaurant De Kas, Amsterdam, Netherland

주방의 모습이 그대로 노출되어 요리사들의 일하는 모습을 그대로 볼 수 있다. 이렇게 주방을 노출할 수 있는 것은 요리를 만드는 과정에 대한 자신감과 청결함이 있기 때문이다.

최고의 재료, 최고의 요리

드 카스 식당의 요리는 지중해 지방의 시골 요리에 바탕을 두고 있다. 여기에 매일 텃밭 정원과 온실에서 나오는 수확물을 위주로 그날의 요리를 만들어낸다. 이제 막 수확한 신선한 재료를 최고 상태 그대로 활용하기 위한 전략이다. 현재 드 카스는 설립자이면서 정원을 담당하고 있는 헤이그만 외에도 두 명의 수석 요리사와 한 명의 와인 소믈리에가 함께 일을 하고 있다.

로컬 푸드 운동

로컬 푸드 운동은 음식을 자신이 사는 지역에서 멀리 떨어지지 않은 거리(보통 160킬로미터로 본다)에서 먹자는 캠페인을 말한다. 또한 음식뿐 아니라 음식의 재료가 되는 농수축산물의 재료 역시도 먼 거리에서 가져오지 않고 인근에서 공급하는 것을 쓰겠다는 의미기도 하다. 로컬 푸드 운동은 유통 시간을 줄여서 석유와 같은 에너지 소비를 줄이자는 취지에서 비롯되었지만, 현재는 건강한 먹을거리를 만드는 가장 효과적인 방법으로 여겨져 전 세계 많은 이들의 호응을 얻고 있다.

드 카스 온실 안에는 식물을 키우는 곳과 식사를 할 수 있는 식당이 함께 구성되어 있다. 다소 파격적인 구성이지만 온실 속에서 채소를 직접 키우고 이것을 관상 효과로 끌어올린 점이 더해져 일거양득의 효과를 보고 있다.

정갈한 북유럽 디자인의 텃밭 정원

드 카스 레스토랑의 메뉴는 매일 달라진다. 그 이유는 당일 수확되는 채소나 과일이 다르기 때문이다. 드 카스의 요리사들은 그날 아침 실내 온실과 바깥 정원에서 수확된 채소와 열매를 확인한 뒤 그날의 메뉴를 짜기 시작한다. 스스로 재료를 공급할 수 있는 자신감이 있기에 가능한 일이다. 음식을 먹으러 오는 손님들도 드 카스가 제공하는 오늘의 셰프 메뉴의 가치를 잘 알고 있고 그날그날 바뀌는 '오늘의 메뉴'를 믿고 반복해서 식당을 찾는다.

Restaurant De Kas, Amsterdam, Netherland

Outdoor Vegetable Garden

온실 레스토랑 앞마당은 텃밭 정원으로 연출되어 있다.
그러나 여느 텃밭과는 달리 간결한 디자인이 돋보인다.

오경아의 드 카스 따라잡기

드 카스 레스토랑은 도시적인 느낌이 매우 강하다. 온실을 개조한 식당이지만 북유럽 특유의 모던하고 간결한 디자인이 돋보인다. 비단 식당의 분위기만 그러한 것이 아니다. 텃밭 정원과 과수원의 구성도 디자인이 통일되어 있다. 간결하면서도 모던하지만 그 지역의 식물 구성이 완벽하고 주변의 풍광을 거스르지도 않으면서 아름답다.

드 카스의 시골스러움은 오히려 메뉴의 개발로부터 시작된다. 고급스러운 재료나 수입 소스를 쓰지 않고 직접 생산 가능한 재료만을 쓰고 있다. 이런 노력은 디자인은 모던하지만 그 입맛에서 시골스러움이 느껴지면서 묘한

결합을 이룬다. 시골스러움은 반드시 시각적으로 디자인적으로 어떻게 보이는가 하는 것으로만 판가름 나지 않는다. 맛, 향기 등을 통해서도 얼마든지 시골의 느낌을 충분히 살릴 수 있다.

Information

Restaurant De Kas
Kamerlingh Onneslaan 3, 1097 DE
Amsterdam, Netherland
TEL: + 31 (0) 20 4624562
Email: info@restaurantdekas.nl

Ristorante Salice Blu,
Bellagio, Italy

이탈리안 시골 낭만이 가득한
포도덩굴 속 만찬, 살리스 블루

밀라노 인근의 코모 호수를 둘러싼 마을들이 있다. 그중 가장 아름다운 도시로 알려진 곳이 바로 벨라지오다. 살리스 블루는 벨라지오 시내를 벗어나 좀 더 시골 쪽으로 좁은 길을 가다 보면 언덕배기에 위치해 있는데, 자칫하면 놓치기 십상일 정도로 작은 레스토랑이다.

살리스 블루는 원래 지금의 요리사 루이기 간돌라(Luigi Gandola, 1983~)의 부모가 1973년부터 경영하던 곳이다. 2005년 루이기가 이어받아 대대적인 개조 작업과 메뉴의 보완을 이루어 오늘날의 모습을 갖추게 되었다. 새롭게 개조되긴 했지만 내부 인테리어는 물론이고 야외 테라스까지 시골다운 고급스러움이 가득

하다. 특히 가공도 하지 않은 나무로 구조물을 세워 포도덩굴을 올린 야외 테라스는 살리스 블루에서 가장 사랑받는 장소다. 도시적 모던함을 배제하고 지극히 시골스러움을 강조했기 때문에 식사하는 사람조차도 마음을 내려놓고 푸근해진다.

식사는 전통 이탈리아 요리인데 젊은 루이기만의 색다른 시도가 눈에 띈다. 루이기는 직접 테이블로 나와서 고객에게 식사 주문을 받는데 소금을 적게 해달라, 특별한 채소를 넣지 말라 등의 섬세한 부분까지도 체크한다. 더불어 수십 종이 넘게 구비되어 있는 다양한 와인은 식당의 품격을 올려주는 중요한 요소다.

살리스 블루는 벨라지오의 도심에서 벗어나 차로 15분 정도를
가야 하는 한적한 시골에 있다. 호수가 보이는 등의 풍광이 수
려한 곳은 아니지만 포도덩굴을 올린 허름한 식당 건물 자체가
푸근한 시골스러움을 그대로 전달해준다. 요리를 하지 않았다
면 정원사가 되었을 것이라고 말할 정도로 정원 일을 좋아하는
이곳의 요리사 루이기는 요리에 이용하는 잎채소 허브는 물론
이고 버섯도 직접 재배한다.

고급스러움이 살아 있는 젊은 이탈리안 식당

살리스 블루는 지상을 모두 주차장과 창고로 쓰고 2층에 식당을 두고 있다. 제일 먼저 눈에 들어오는 것은 2층 테라스를 가득 덮고 있는 포도덩굴이다(포도주를 생산하는 종주국답게 이탈리아 전역은 포도가 잘 자란다. 햇볕이 강렬하게 내리쬐는 코모 호수 인근에서는 포도를 키우는 농장들이 많다). 특별히 잘 가꾸어놓은 정원이 있는 것도 아닌데 이 포도덩굴이 뒤덮여 그늘을 드리고 있는 식당의 테라스는 여느 정원 못지 않게 강렬하고 아름답다. 식사를 하는 동안 하늘을 올려다보면 제법 자란 포도 열매가 주렁주렁 가득하다. 이 포도덩굴 아래 젊은 웨이터가 주문한 포도주를 가져와 정성스럽게 따라준다. 시골 식당이 보여줄 수 있는 최상의 고급스러움과 함께 편안함을 느낄 수 있다.

슬로 푸드 운동

슬로 푸드(Slow Food) 운동은 이탈리아의 카를로 페트리니
(Carlo Petrini, 1949~)가 세운 일종의 NGO 단체에서 시작되
었다. 1980년 처음 시작된 이래로 현재 150여 개국에서 이
슬로 푸드 운동에 동참하고 있다. 카를로 페트리니가 슬로 푸
드 운동을 시작한 것은 세계적 관광지인 로마의 스페인 계단
근처에 페스트푸드점인 맥도날드가 문을 열었던 것이 계기였
다. 그는 페스트푸드의 반대어인 슬로 푸드라는 용어를 만들
어냈고 각 지역의 고유 특성을 가진 전통 요리, 건강한 맛을
지닌 요리, 그리고 빠르게가 아니라 느리게 갈 수 있도록 우
리 생활의 속도에 변화가 필요하다고 역설했다. 이후 슬로 푸
드 운동은 우리의 본질적 삶의 질을 높여야 한다는 '웰빙(Well
Being)' 운동과 만나면서 더욱 많은 호응을 얻고 있다.

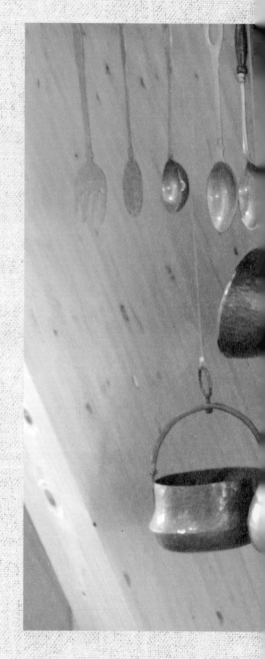

소믈리에

소믈리에(Sommelier)라는 말은 원래 '가축을 이동시키는 사람'을 의미하는 말이었다. 이 말 속에는 가축을 잘 전달하는 사람이라는 뜻이 들어 있는데, 이것이 훗날 '와인'을 잘 전달해준다는 의미로 쓰이면서 와인을 식당 손님에게 추천해주고 그 와인과 함께 먹었을 때 더욱 맛을 느낄 수 있는 음식을 추천해주는 사람으로 쓰이게 되었다. 소믈리에는 레스토랑의 일원으로서 와인의 맛을 테스트하고 와인과 어울리는 음식을 추천하는 일로 그 역할을 축약할 수 있지만, 말처럼 그리 쉬운 일은 아니다. 지구 상에서 생산되는 포도주의 특성과 리스트를 모두 잘 기억해야 하고, 포도주의 숙성 과정과 보관, 향과 맛의 변화에 대한 과학적인 지식을 습득해야 한다. 소믈리에는 정규 학과나 학위 과정은 따로 없지만 세계적으로 다양하게 소믈리에 자격증을 취득할 수 있는 길이 열려 있다.

요리사와 시골

살리스 블루의 요리사 루이기 간돌라는 원래 미술과 건축을 좋아했던 청년이었다. 그는 고등학교 졸업 후 바로 요리 학교로 진학하고, 자격증을 취득한 다음 빌라데스테 호텔의 특급 주방장으로 일하는 등 화려한 경력을 쌓는다. 방송 출연을 하면서 더욱 명성을 쌓던 가운데 2005년 이탈리아 밀라노 인근의 시골 마을인 벨라지오에 자리를 잡게 된다. 이처럼 요리사들이 도시에서 시골로 귀향하는 현상이 최근 전 세계적 유행이다. 한때의 유행일 수도 있지만 좋은 재료에서 좋은 요리가 나올 수 있는 까닭에 요리사들의 발걸음이 시골로 향하는 것은 당연한 추세인지도 모른다. 특히 이런 추세는 앞으로도 더욱 늘어날 전망이다. 최근 미슐랭 별점을 받은 레스토랑의 상당 부분이 도시가 아니라 시골에 위치하고 있다는 점에서도 이런 경향을 생각해볼 수 있다.

Ristorante Salice Blu, Bellagio, Italy

오정아의 살리스 블루 따라잡기

시골스러움에 대한 정체성에는 몇 가지 특징이 숨어 있다. 첫째, 그 인근에서 쉽게 구할 수 있는 재료를 선택한다. 둘째, 인위적인 가공을 가급적 줄이고 원래 상태의 재료를 활용한다. 셋째, 그 지역에서 가장 잘 사는 자생식물을 이용한다. 넷째, 이웃해 있는 풍경과의 조화를 해치지 않는다.

고급스러움이라는 개념이 종종 비싸고, 구하기 힘든 재료를 많이 쓰고, 디자인적으로 뚜렷한 강조를 하는 것이라고 생각하기도 한다. 하지만 이런 방식만이 고급스러움을 대변하는 것은 아니다. 자연의 소재를 있는 그대로 사용하려는 노력, 주변 자연을 최대한 나의 것으로 끌어들여 조화시키려는 노력이야말로 진정한 고급스러움에 맞닿아 있다. 구조물을 세울 때 규격화된 목재를 쓰는 것보다는 원모습 그대로의 통나무를 쓰는 것이 제작에는 훨씬 더 많은 시간을 소요하게 하지만, 손맛의 느낌을 여실히 들어낼 수 있는 것처럼 말이다. 여기에는 재료 값의 비싸다가 아니라 사람의 손맛과 정성 들인 시간에서 오는 비싸다를 적용할 수 있을 것이다.

살리스 블루는 2005년 새롭게 식당 전체를 개조했다. 물론 이 역시도 지금의 눈으로는 10여 년의 시간이 흘렀으니 매우 오래된 개조일 수밖에 없다. 도시에서라면 건축물의 재료가 매년 달라져 몇 개월만 흘러도 구식처럼 느껴지지만, 원재료의 형태를 그대로 쓰는 방식은 세월이 흐르면 흐를수록 오래됨의 깊은 맛을 느끼게 하는 반전이 있다. 10여 년 전 키운 키위 나무는 이제 어른 팔뚝만 한 크기가 되었고 매해 여름이면 주렁주렁 열매를 맺어준다. 오래되었기에 가능한 일이다.

식당의 '입맛'도 마찬가지다. 새로운 시도도 좋지만 오래된 전통의 맛을 잘 지킬 수 있느냐가 더 중요하다. 살리스 블루는 이미 지금의 셰프 루이기 이전부터 그의 부모가 지속해오고 있는 입맛을 고수하면서도, 여기에 루이기만의 새로운 요리법을 덧붙였다는 것을 알 수 있다. 결론적으로 오래되고 친근한 바탕 위에 새로움이 합성되는 형식이다. 이런 방식은 오래 지속하겠다는 의지가 있어야만 가능하고, 이런 의지가 결국 대를 이어 식당이 잘 지속되게 하는 원동력이 된다.

Information

Ristorante Salice Blu

Via per Lecco, 33, 22021 Bellagio, Italy

TEL: + 39 (0) 31950535

Email: info@ristorante-saliceblu-bellagio.it

셰익스피어의 아내 앤 해서웨이 생가

Anne Hathaway's Cottage & Gardens

. . .

계관시인 윌리엄 워즈워스의 집

Wordsworth House & Garden

. . .

윌리엄 모리스의 레드 하우스

Red House and William Morris

4부

시골이기에 가능한 박물관
시골이 문화의 중심지다!

Country Museum

시골은 건강함만 있는 곳일까? 많은 시골 출신의 문인, 화가, 철학가를 우리는 알고 있다. 그리고 우리는 그들의 삶을 기리기 위해 그들이 태어나고 살아온 곳에 생가와 기념관을 짓는다. 많은 위인들의 생가가 시골에 있는 것은 우리나라만의 일은 아니다. 도시에서는 경험할 수 없는 많은 창의력, 철학적 생각과 예술의 영감을 시골이 퍼주기 때문이기도 하다. 그런데 우리나라의 생가와 기념관들이 과연 제역할을 하고 있는 것일까? 유럽의 시골 깊숙이 위치한 생가와 기념관들은 도시와는 차별화된 진정한 체험학습을 제공한다. 이 체험이 시골 문화가 진정 무엇인지를 보여주는 중요한 장이 된다. 이를 여러 모로 가늠해볼 수 있다면 도시에 있는 미술관이나 박물관과는 차별화된 진정한 문화의 장을 우리도 다시 열어볼 수 있지 않을까?

Anne Hathaway's Cottage & Gardens,
Warwickshire, UK

시골집 자체가 박물관이 되다
셰익스피어의 아내 앤 해서웨이 생가

앤 해서웨이는 영국의 문인 셰익스피어(1564~1616)의 아내다. 그녀는 셰익스피어와 결혼해 영국의 중심부에 위치한 도시 스트라포드어폰에이번(Straford-Upon-Avon)으로 분가하기 전까지 이곳 코티지 하우스에서 태어나 자랐다. 앤 해서웨이의 코티지 하우스는 스트라포드어폰에이번에서 1.5킬로미터 정도 떨어진 시골이다. 셰익스피어는 처가를 무척 좋아했고, 아내와 연애하는 시간 대부분을 이 시골집에서 보낸다. 그 흔적이 『십이야(Twelve nights)』 등의 작품에 고스란히 남아 있기도 하다. 현재 앤 해서웨이의 코티지 하우스는 16세기 당시의 모습 그대로 보존이 되어 있기 때문에 셰익스피어 시대를 기억하고자 하는 이들에게 더할 나위 없이 좋은 관광지가 되어주고 있다.

16세기의 삶이 손에 잡히는 집

앤 해서웨이와 셰익스피어가 살았던 시기는 지금으로부터 대략 500년 전인 16세기다. 그들은 어떤 옷을 입고, 어떤 집에서 주거를 하고, 어떤 일을 하며 살았을까? 앤 해서웨이의 생가는 지금도 누군가가 16세기의 모습으로 문을 열고 나와 인사를 해도 놀랍지 않을 만큼 잘 복원되어 있다. 그런데 자세히 살펴보면 억지스러운 복원이 아니라 그냥 거기에 있었던 것들을 잘 보존해온 것임을 알 수 있다. 오래된 것들을 버리지 않고 소중히 간직만 해준다면 그것만으로도 돈으로 살 수 없는 가치가 된다는 것을 아주 잘 보여준다.

앤 해서웨이의 코티지 하우스는 내부가 좁아서 10명씩 소그
룹으로 인솔자를 따라 관람하게 된다. 집 안의 모든 집기와 가
구는 손을 뻗치면 만져볼 수 있을 만큼 가깝다. 침대와 그 위에
덮여 있는 이불 등 모든 것이 옛 모습 그대로여서 엊그제까지
도 이곳에 셰익스피어와 앤이 살지 않았을까 착각할 정도다.

전통 농법으로의 회귀

셰익스피어가 살았던 시절인 1500년대에도 분명 농사를 지었다. 살충제, 화학 비료 등이 없었던 그 시기에 사람들은 어떻게 곡물을 재배하고 농사를 지었을까? 오늘날 많은 농부들이 농약 없이는 농사가 불가능하다고 말하고는 한다. 그런데 정말 그럴까? 최근 영국을 비롯한 유럽에서는 유기농사법과는 다른 의미로 '전통 농사법'으로 돌아가자는 운동이 활발히 진행 중이다. 첫 시도에서는 과연 예전으로 돌아갈 수 있을까 하는 걱정과 의문이 많았지만, 이런 시도들이 점차로 많아지고 시행착오를 겪다 보니 충분히 가능성 있다는 결론이 나오고 있다.

앤 해서웨이의 코티지 하우스 정원 역시 어떤 화학적 살충제를 사용하지 않고 옛 방식 그대로 정원을 관리하고 있다. 사진에서 보이는 '깃털 꽂은 감자'는 새들을 쫓아내기 위해 만든 일종의 허수아비다. 바람이 불면 깃털을 날리며 감자가 뱅글뱅글 돌고 새들에게 겁을 주는 장치가 되는 것이다. 시골다운 유머감각과 재치가 돋보인다.

영국 시골 정원의 진수, 코티지 가든

영국 시골에서 자생한 코티지 가든은 꽃밭인지 채소밭인지를 구별하기 힘든 정원이다. 케일, 양배추, 감자 사이로 앵초, 바이올렛, 금잔화, 데이지가 만발했다. 제멋대로인 듯 보이지만 자세히 들여다보면, 이웃하고 있는 식물들과의 색상 조화도 보이고, 키의 크고 작음을 구별한 흔적도 있다. '코티지(cottage)'라는 말은 '초가집'을 뜻하고, '코티지 가든'은 초가가 있는 시골집 마당에 펼쳐진 채소와 관상용 꽃이 어우러진 정원을 말한다.

코티지 가든이 만들어진 때는 1340년 흑사병이 유럽을 휩쓸고 있었을 즈음으로 본다. 향기로 전염병을 막을 수 있다고 믿었던 중세 유럽인들은 자신의 정원에 채소와 함께 향기를 피워내는 식물을 심기 시작했다. 훗날 19세기에 이르러 이 정원은 영국 가든 디자인의 거장인 윌리엄 로빈슨(저널리스트, 1838~1935)과 거투르드 지킬(가든 디자이너, 1843~1932)에 의해 다시 조명을 받게 된다. 그들은 당시 유럽 귀족들이 선호한 기하학적 패턴이나 완벽한 대칭, 거대한 조각물 등의 정원 연출 기법이 지나치게 인위적이고 고급스럽지 않다고 비난하면서, 식물 스스로가 빛을 내는 코티지 가든이야말로 최고의 아름다움이라고 극찬했다. 이후 귀족들마저도 이 시골 정원을 흉내내기 시작했고, 이것이 훗날 그 유명한 '아트 앤드 크래프트 정원'의 단초가 된다.

완두콩과의 식물인 스위트피는 코티지 가든에서 가장 중요한 식물 가운데 하나다. 덩굴식물인 까닭에 나뭇가지 등으로 지지대를 세워주고 식물을 올려주면 향기로운 꽃을 피워 봄의 정원을 더욱 싱그럽게 만들어준다.

보존과 변화의 균형

옛것을 있는 그대로 보존한다는 것과 지금의 변화를 추가하는 것은 서로 양립하기에는 언제나 어려운 부분이 될 수밖에 없다. 앤 해서웨이 코티지 가든은 건물과 정원을 거의 16세기 모습 그대로 완벽하게 재현하는 놀라운 모습을 보여준다. 여기에 그치지 않고 이 옛것에 거슬리지 않고 조화로운 새로운 변화도 마찬가지로 시도하고 있다. 변화 없이 옛것만 고집하는 것은 지루함을 가져올 수밖에 없고 반복해서 찾아와야 할 이유가 사라지는 원인도 된다. 과하지 않게, 보관의 가치가 있는 것들을 훼손하지 않고 덧붙이는 새로움의 시도는 시골 박물관의 또 다른 숙제이기도 하다.

영국적인, 스트라포드어폰에이번적인, 셰익스피어적인 ─── 세상에 하나밖에 없는 기념품점

기념품 판매소에서 파는 물건들은 셰익스피어가 살았던 16세기의 특징을 고스란히 담고 있다. 이 기념품들은 전문 디자이너에 의해 소량으로 만들어져 한정된 장소에서만 판매되고 있다. 때문에 셰익스피어 관련 기념품을 사기 위해서라도 스트라포드어폰에이번을 다시 방문해야 하는 이유가 생긴다.

예스러움을 입은 새로움

앤 해서웨이 코티지 하우스의 부속건물. 입장권과 기념품을 구입할 수 있다. 최근에 완성된 건물이지만 16세기 지어진 가옥과 전혀 이질감이 없다. 지나치게 압도적인 기념관이나 센터를 만드는 방식과 비교해 소박하지만 짜임새 있고 이질적이지 않은 건물이 보는 이에게 감동을 선사한다.

오정아의 앤 해서웨이 생가 따라잡기

스트라포드어폰에이번이라는 도시는 셰익스피어를 얼마나 상품 가치로 잘 풀어내고 있는지를 보여주는 곳이다. 실제로 아직도 도시 대부분의 건물이 16세기 모습 그대로 남아 있기 때문에, 당대의 역사극을 찍을 때 거리 자체를 마치 세트장처럼 그대로 사용할 정도다. 이 도시가 500년이라는 세월 속에서도 그 모습 그대로 유지할 수 있었던 것은 이른바 무분별 개발을 하지 않았기 때문이다. 엄밀하게 말하면 다른 의미의 개발을 한 셈인데, 무작정 새로운 것을 만들어내기보다는 원래의 모습을 그대로 유지하는 것이 훨씬 더 높은 가치를 생산해낼 수 있다는 것을 깨달았기 때문이기도 하다. 우리나라의 시골이 갈수록 그 매력을 잃고 있는 것은 무분별한 개발의 탓이 아주 크다. 마구잡이로 숲과 들판을 없애 길을 만들고, 오래된 옛집을 허물고 어설픈 숙박시설을 만들면서 시골의 미관은 이미 많이 달라지고 그 고유의 매력을 잃은 지 오래다. 숙박소와 부대시설, 도로 등을 넓히는 것은 더 많은 사람들을 끌어들이기 위함일 텐데, 이것이 진정으로 장기적인 효과를 불러오는지에 대해서는 생각

해볼 일이다. 단기적으로는 손쉽게 찾아올 수 있어 관광객이 느는 것처럼 보이지만 장기적으로는 이미 볼거리 등 여러 가치를 잃어버렸기 때문에 그 매력을 점점 잃을 수밖에 없다. 앤 해서웨이의 코티지 하우스는 옛날 그대로이기 때문에 앞으로도 영원할 수 있을 것이라는 희망을 보게 한다. 지금은 500년이 된 모습이지만 시간이 흐르면 600년, 나아가 1,000년 전의 모습이 될 수도 있다. 이 세월의 가치를 무엇으로 대신할 수 있을까? 오래된 모습을 그대로 간직하며 보완해나가는 것이야말로 가장 큰 가치가 될 수 있음을 꼭 기억할 일이다.

Information

Anne Hathaway's Cottage & Gardens

22 Cottage Lane, Shottery, Stratford-upon-Avon
Warwickshire, CV37 9HH, UK
TEL: + 44 (0) 1789 338532
www.shakespeare.org.uk

Wordsworth House & Garden,

Cumbria, UK

19세기 방식 그대로 살아 있는 박물관
계관시인 윌리엄 워즈워스의 집

영국의 시인 윌리엄 워즈워스(1770~1850)는 영국 북서쪽 스코틀랜드와의 접경 지역에 있는 레이크 디스트릭트에서 태어나고 이곳에서 생을 마쳤다. 때문에 레이크 디스트릭트 곳곳에 그가 태어난 곳, 결혼해서 자녀를 키우며 살았던 집, 그가 다녔던 교회와 무덤 등으로 그를 추억하는 기념관과 박물관들이 만들어져 있다. 그중에서도 그가 태어난 생가는 현재 내셔널트러스트에서 관리 중이다.

내셔널트러스트는 윌리엄 워즈워스의 생가 건물이나 정원을 변형 없이 잘 보존하며 많은 사람들이 관람을 즐길 수 있도록 양질의 프로그램을 운영하고 있다. 특히 18세기 당시에 워즈워스의 여동생 도로시가 가족을 위해 만들었다는 과자를 일주일에 두 번 그대로 재현하여 만들어주는 프로그램이 유명하다. 재현을 담당하는 요리사는 그 당시의 메이드 복장을 하고 있어 관람객의 눈길을 끈다. 물론 요리에 쓰이는 주방기구도 모두 워즈워스 집안에서 내려오는 용기를 그대로 사용한다. 요리를 만드는 동안 메이드에게 관람객은 질문을 할 수도 있다. 단순히 눈으로만 보는 차원에서 벗어나 18세기의 생활을 직접 경험하도록 구성된 점이 돋보인다.

윌리엄 워즈워스의 생가는 집 안까지 관람이 가능하다. 집 내부는 모든 것이 그 당시 모습 그대로다. 라벤더 씨앗을 넣어 만든 향기 주머니에 수를 넣은 모습이 정겹다. 바이올렛 꽃을 꽂아둔 꽃병도 워즈워스의 집안에서 내려오던 앤티크 제품이고, 꽃은 그날 정원에서 직접 꺾어온 것으로 장식한다. 집 안을 둘러보다 보면 금방이라도 윌리엄 워즈워스를 다시 만나게 될 것 같은 상상으로 마음이 설렌다.

윌리엄 워즈워스는 영국인들이 사랑하는 계관시인 중 한 사람이다. 계관시인은 명예로운 시인에게 상을 내리면서 머리에 월계관을 씌워주었던 것에서 비롯된 용어다. 윌리엄 워즈워스는 청년 시절 혁명의 나라 프랑스에 매료되어 1791년 생애 처음으로 영국을 떠난다. 그리고 프랑스에서 안네트 발롱(Annette Vallon)이라는 여인을 만나 1792년 딸 캐롤라인(Caroline)을 낳는다. 하지만 그는 생활의 어려움과 영국과 프랑스의 외교 관계 악화로 홀로 영국으로 돌아올 수밖에 없었고, 이 일로 사랑하는 여인과 딸을 오랫동안 보지 못하게 되고 말았다. 이후 워즈워스는 자신의 고향에서 다른 여인을 만나 결혼하고 자녀를 뒀지만 프랑스에 두고 온 딸을 잊지 않았다. 그러던 1802년 평화협정으로 영국과 프랑스의 왕래 길이 열렸을 때 워즈워스는 아홉 살이 된 딸을 가까스로 볼 수 있게 되었다.

윌리엄 워즈워스의 시 속에는 이런 인간의 내면적 아픔을 아름다운 자연 속에서 치유하려던 흔적이 많이 남아 있다. 레이크 디스트릭트는 그에게 치유의 공간이었다. 아름다운 자연 속에 살고 있다는 것만으로 얼마나 많은 에너지와 삶의 기운을 얻는지를 그의 시가 잘 보여준다.

Poet, William Wordsworth

눈앞에 생생한 19세기의 삶

지금으로부터 150년 전쯤의 우리 삶은 어땠을까? 그때의 우리는 분명 지금보다는 불편하고 느린 삶을 살고 있었을지도 모른다. 하지만 모든 것이 편하고 빨라진 삶이 그때보다 더 행복하다고 말할 수 있을까? 과거의 우리 모습을 기억해야 지금의 우리가 진정으로 더 나아진 삶을 살고 있는지 깨달을 수 있다. 윌리엄 워즈워스 생가에서는 150년 전의 삶을 마치 영화를 보듯 눈앞에서 그대로 재현하고 있다. 역사 교육은 책에 밑줄을 그으며 읽는다고 되는 일이 아닐 것이다. 직접 체험할 수 있다면 이보다 더 좋은 역사 교육이 있을까 싶다.

Wordsworth House & Garden, Cumbria, UK

윌리엄 워즈워스의 여동생 도로시가 만든 레시피 그대로 구워
낸 과자. 일주일에 두 번 과자를 굽고 생가를 방문하는 관람객
과 나눠 먹는다. 이곳은 모든 것이 멈춰 있는 옛집이 아니라 아
직도 빵과 과자를 굽는 살아 있는 박물관이다.

280

새로 담근 잼과 피클로 가득 찬 부엌 찬장

윌리엄 워즈워스의 생가는 그 후손이 살고 있지는 않지만, 19세기 이 집 안에서 했었던 방식 그대로 저장식품을 만드는 등 내셔널트러스트에서는 이곳을 살아 있는 생활 박물관으로 만들기 위해 노력하고 있다. 부엌 찬장을 가득 채운 잼과 피클은 별도로 구매 가능하다.

윌리엄 워즈워스의 텃밭 정원

윌리엄 워즈워스 생가 뒷마당에는 작은 텃밭 정원이 있다. 워즈워스의 어머니는 이곳에서 채소와 과일을 재배하고 음식의 재료로 사용했다. 어머니가 돌아가신 후에는 여동생 도로시가 이곳의 생활을 이끌어간 것으로 전해진다. 텃밭 정원의 모습도 19세기의 형태 그대로 키우고 작물도 복원에 의해 거의 옛날 방식으로 재배된다. 이런 볼거리는 그 당시의 먹을거리가 어떠했는지를 보여주는 학습의 장이 되어준다.

레이크 디스트릭트의 글라스모어 마을의 공동 묘지에 있는 윌리엄 워즈워스의 묘. 교회 뒷마당에 묻혔던 것을 2013년 자리를 옮겨 새로운 디자인으로 묘를 단장했다.

For oft, when on my couch I lie
In vacant or in pensive mood,
They flash upon that inward eye
Which is the bliss of solitude;
And then my heart with pleasure fills,
And dances with the daffodils.

William Wordsworth.

오경아의 윌리엄 워즈워스 생가 따라잡기

윌리엄 워즈워스는 레이크 디스트릭트에서 태어나 청년 시절 유럽 여행을 제외하고는 레이크 디스트릭트를 떠나 살아본 적이 없다. 그만큼 그는 레이크 디스트릭트의 사람이고, 이곳을 가장 잘 알고 사랑한 사람이기도 하다. 그가 남긴 수많은 시 속에 남아 있는 레이크 디스트릭트의 모습은 지금도 이곳으로 수많은 관광객을 불러오게 하는 원동력이 되고 있기도 하다.

그의 흔적을 따라가다 보면 제일 먼저 만나는 곳이 생가이다. 코크머스 마을에 있는 이 생가에서 그는 어머니가 돌아가시기 전까지 유년 시절을 보낸다. 그다음 흔적은 프랑스에서 돌아온 뒤 정착한, 같은 코터머스 마을에 있는 도브 하우스(Dove house, 1799~1808)라고 이름 붙여진 집이다. 그는 이곳에서 여동생 도로시와 함께 살기 시작했고, 차후 아내를 맞아 다섯 명의 아이를 낳고 함께 살았다. 그러나 식구가 점점 늘어나면서 집이 작아지자 그는 좀 더 큰 곳을 찾아 레이크 디스트릭트에 있는 이웃마을 그라스미어(Grasmere)로 이사를 하게 된다. 그 집 이름이 라이델 마운트(Rydal Mount, 1813~1850)인데 이곳에는 그는 죽을 때까지 37년을 산다. 그리고 생을 마친 후에는 그라스미어의 작은 교회에 묻힌다.

레이크 디스트릭트는 이 워즈워스의 행적 그대로를 이용해 관광자원으로 활용한다. 그는 이미 죽었지만 레이크 디스트릭트에서라면 영원히 살아 있을 것 같은 느낌은 과장이 아니다. 그런데 중요한 점은 한 시인을 포장시키고 상품화하는 영국인들의 능력이 더없이 놀랍고 고급스럽다는 점이다. 이들은 억지로 꾸미지 않고 마치 워즈워스가 지금도 그곳에서 살고 있는 것처럼 재현한다. 그래서 부담스럽지 않고 그 안에 숨어 있는 상업적 느낌도 드러나지 않는다. 이 자연스러운 경험이 끊임없이 워즈워스를 찾아 사람들이 레이크 디트스릭트를 찾게 하는 원동력이기도 하다. 수십억의 돈을 들여 거대한 기념관부터 짓고 보는 억지 포장과는 질적으로 차원이 다른 접근이 아닐 수 없다.

Information

William Wordsworth House & garden

Main Street, Cockermouth, Cumbria,
CA13 9RX, UK

TEL: 01900 824805

Email: wordsworthhouse@nationaltrust.org.uk

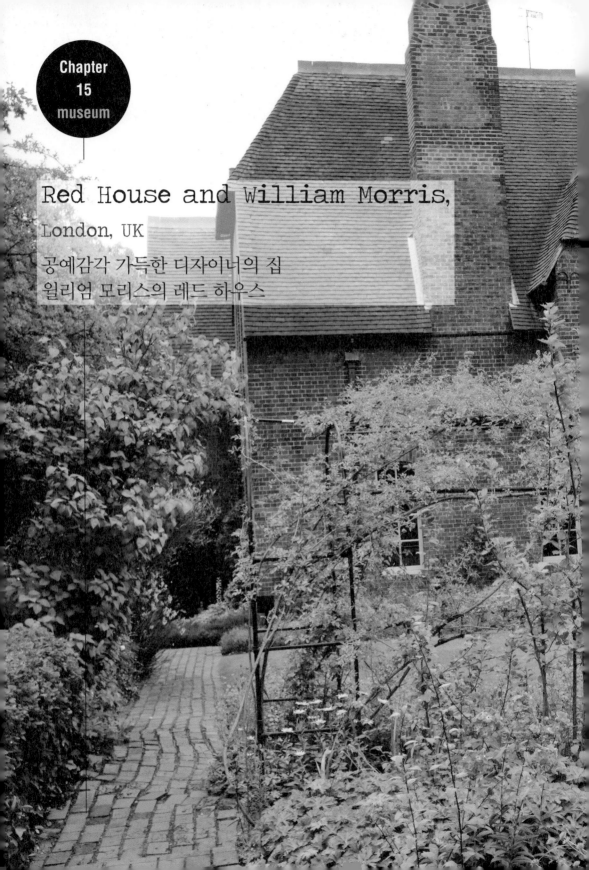

Red House and William Morris,

London, UK

공예감각 가득한 디자이너의 집
윌리엄 모리스의 레드 하우스

가구와 벽지 디자이너로 잘 알려진 윌리엄 모리스(William Morris, 1834~1896)가 살았던 19세기 영국은 산업혁명(1760~1840)이 절정에 달하던 시기였다. 그즈음 윌리엄 모리스는 과연 산업혁명이 좋은 결과만을 낳고 있는지에 대한 의문을 계속 제기하고 있었다. 특히 예술 분야에서 장인의 손길에 의해 만들어져야 할 생활 용품이 획일적 디자인으로 공장에서 대량 생산되는 것을 비판했다. 그는 우리 생활 자체가 예술의 일부가 되어야 한다는 생각을 가지고 있었고, 솜씨 좋은 장인에 의해 만들어진 담장, 벽돌, 집, 의자 등의 생활 용품의 예술성이 위대한 예술가의 작품보다 더 중요하다고 봤다. 더불어 획일적인 대량생산이 우리의 이런 미적 감각을 얼마나 퇴화시키는지에 대해서도 우려가 깊었다.

윌리엄 모리스는 옥스퍼드 대학에서 고전 문화를 공부했다. 그는 이 공부를 통해 특히 중세시대에 심취하게 되고 그 영향이 훗날 '아트 앤드 크래프트' 운동을 이끈 핵심 사상이 된다. 레드 하우스는 그가 주거를 위해 구입한 집이다. 1859년 아내와 함께 살 집을 구상하면서 그는 이 집을 친구인 건축가 필립 웹(Philip Webb)에게 의뢰한다. 그리고 그는 이른바 가구와 벽지를 만드는 회사(Morris, Marshall, Faukner & Co.)를 설립해 본격적인 활동을 시작한다. 1년 간의 시공 끝에 완성된 레드 하우스는 붉은 벽돌 하나조차도 지역 장인의 수공으로 만들 만큼 완벽한 아트 앤드 크래프트 건축의 진수를 보여준다. 레스 하우스의 모든 가구, 문짝, 창문에 그려진 스테인드글라스까지 모든 소품과 디자인이 윌리엄 모리스의 사상인 장인정신이 배어 있다.

더불어 정원 역시도 식물을 단순한 구조물로 쓰는 방식이 아니라 식물 하나하나가 지니고 있는 특징과 아름다움을 때로는 단독으로 혹은 뭉쳐서 조화를 이루도록 디자인하는 아트 앤드 크래프트 정원의 진면목을 그대로 보여준다.

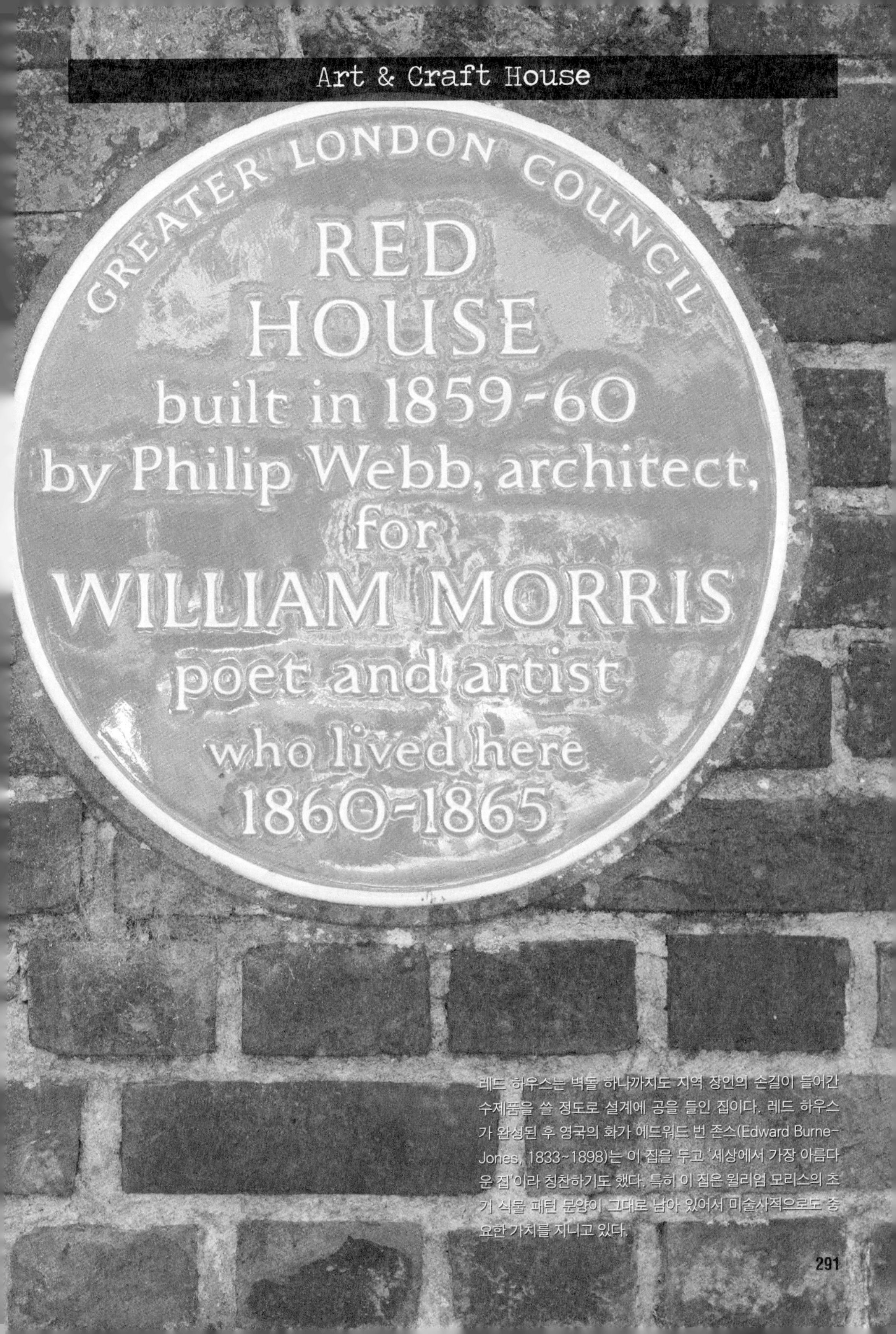

GREATER LONDON COUNCIL

RED
HOUSE
built in 1859-60
by Philip Webb, architect,
for
WILLIAM MORRIS
poet and artist
who lived here
1860-1865

레드 하우스는 벽돌 하나까지도 지역 장인의 손길이 들어간 수제품을 쓸 정도로 설계에 공을 들인 집이다. 레드 하우스가 완성된 후 영국의 화가 에드워드 번 존스(Edward Burne-Jones, 1833~1898)는 이 집을 두고 '세상에서 가장 아름다운 집'이라 칭찬하기도 했다. 특히 이 집은 윌리엄 모리스의 초기 식물 패턴 문양이 그대로 남아 있어서 미술사적으로도 중요한 가치를 지니고 있다.

손맛이 살아 있는 장인의 집

손으로 직접 만들고 꾸민 집 안 내부는 윌리엄 모리스의 아트 앤드 크래프트 운동이 무엇이었는지를 그대로 짐작하게 한다. 모리스가 주장했던 아트 앤드 크래프트 운동은 모든 것을 직접 손으로 만들자는 것이 아니었다. 경제적 논리로만 찍어내는 대량생산의 생활 용품 속에는 인간이 구사했던 예술성을 발견할 수 없다는 것이 큰 문제라는 것이었다.

윌리엄 모리스는 이곳에서 오랜 시간을 보내지는 못했다. 5년 간의 짧은 시간을 보낸 후 자신이 운영하던 가구 공장의 확장을 위해 레드 하우스를 팔고 다른 곳으로 이사했다. 이후 레드 하우스는 2002년까지 주인이 수 차례 바뀌면서 개인 주택으로 사용되었고, 그사이 외관은 물론이고 모리스의 벽화로 장식되었던 인테리어까지 심각하게 훼손되는 지경에 이르고 만다. 지금은 내셔널트러스트에서 집을 구입해 복원 작업이 활발히 진행 중이다.

레드 하우스에 전시되어 있는 윌리엄 모리스가 디자인한 의자.
모리스는 가구 디자인 제작 회사를 직접 운영했다. 그때 만들
어진 가구는 대부분 소량의 수제품으로 현재는 거의 남아 있지
는 않다. 모리스의 가구 회사는 결국 경제성에 내몰려 문을 닫
게 되었지만 그가 남긴 가구는 지금도 큰 인기를 얻고 있다.

레드 하우스의 벽면을 장식하고 있는 윌리엄 모리스의 디자인 벽지. 식물 문양이 아직도 생생히 살아 있는 듯하다. 윌리엄 모리스의 벽지는 손으로 그린 그림을 판각으로 만들어 이것을 인쇄 방식으로 생산했다. 그러나 이런 판각은 횟수에 제한이 있어서 소량생산이 불가피하다. 결국 경제성에 밀려 윌리엄 모리스의 아트 앤드 크래프트 운동은 실패로 끝이 났지만, 그의 정신과 작품은 현대인에게 다시 그 시절의 예술 세계로 돌아가고 싶게 하는 그리움과 향수가 되고 있다.

특별한 전시, 특별한 관람, 특별한 감동

레드 하우스는 집 안 구석구석을 전문 안내인의 설명을 들으며 관람 가능하다. 사진 속 벽지도 손으로 만질 수 있는 위치에 있기 때문에 이 부분만 유리를 씌워 사람들의 손이 타지 않도록 관리하고 있다. 이런 전시의 방법은 관리를 하는 측의 세심한 배려와 노력이 있어야만 가능하다. 관리의 편리성을 위해 접근 자체를 차단하는 등의 획일적이고 강압적인 전시법은 관람자에게 감동을 주기 어렵다.

새롭게 복원 중인 윌리엄 모리스의 서재

내셔널트러스트에서 레드 하우스를 사들인 후 지금은 대대적인 복원 작업이 진행 중이다. 그 가운데 윌리엄 모리스가 즐겨 읽었던 책들을 모아 새롭게 서재를 조성하고 있다. 이 서재의 책들은 모리스가 꿈꿨던 아트 앤드 크래프트의 사상을 잘 읽어낼 수 있도록 한다.

아트 앤드 크래프트 정원

윌리엄 모리스는 저널리스트이면서 가든 디자이너였던 윌리엄 로빈슨(William Robinson, 1838~1935)과 많은 부분 교감을 나누었다. 로빈슨은 17세기 유럽 정원의 가장 큰 특징인 인위적인 정형성을 강력하게 비판하면서 자연스러운 자유로움을 강조한 사람이다. 로빈슨은 자신의 책을 통해 "예술가의 작업은 얼마나 자연스러움에 충실했는가에 의해 평가된다"고 말하기도 했다. 윌리엄 모리스는 이런 로빈슨의 사상이 옳다고 생각했고, 그것을 자신의 정원 조성에도 적극적으로 활용했다. 아트 앤드 크래프트 정원의 핵심은 크게 다음 3가지로 정의된다. '자연스러움', '자유로움', '고유함'. 되도록 인위적인 장식을 버리고 자연 그대로의 모습을 살리되 자유로움이 넘쳐야 하고 이것은 곧 개별 특징이 살아 있는 유일함이 있어야 한다는 것이다.

Red House and William Morris, London, UK

윌리엄 모리스의 레드 하우스는 집 안 인테리어 관람 못지 않
게 외부의 정원 관람도 중요한 부분이다. 윌리엄 모리스와 가
든 디자이너 거트르드 지킬은 친구 관계로 평소에 자신들이
지니고 있는 아트 앤드 크래프트 사상에 대해 토론하는 것을
즐겼다. 때문에 정원을 연출하는 방법도 아트 앤드 크래프트
적인 관점에서 기성품 사용을 배재하고 최대한 공예감각이 넘
치는 공간을 만들기 위해 애쓴 흔적을 발견할 수 있다.

오경아의 레드 하우스 박물관 따라잡기

레드 하우스에 들어서며 작은 메모 쪽지를 받았다. 30분 단위로 구성된 가이드 투어 시간이 적혀 있었다. 투어 인원은 10명 남짓이 정원이다. 개인적으로 집 안을 둘러보는 것이 금지된 것은 역시 불편한 일이다. 그러나 곧 그 이유를 알게 된다. 집 자체가 박물관인 까닭에 손을 타면 깨지거나 망가지는 것들이 가득했기 때문이다. 게다가 자세한 설명 없이 집 안을 둘러보았다면 분명 놓치고 지나칠 부분이 한두 군데가 아니었다. 한눈에 보기에도 연륜이 가득해 보이는 가이드는 세세하면서도 핵심을 정확하게 짚어 설명을 해주었다.

박물관 자체가 박제가 되는 경우가 많다. 나는 우리나라 민속촌에서 늘 '들어가지 마시오'라는 팻말 앞에서 갈등하곤 한다. 저 안방에 한번 들어가봤으면……, 저기서 바라본 안마당과 하늘은 어떤 모습일까? 그를 통해 왜 우리네 천장이 왜 그리 낮았는지, 처마에 드리운 선은 하늘과 어떻게 조화를 이루었는지를 이해할 수 있을 것 같기 때문이다. 하지만 우리네 문화재 탐방에서 이런 기회를 얻는 것은 매우 드문 일이다. 대부분은 '들어가지 마시오' 팻말 앞에서 우두커니 박제된 유물을 상상해볼 따름이다. 결국 사진으로 본 것과 별반 다를 게 없는 셈이다.

사람이 집 안으로 들어가 만져볼 수 있는 거리에서 관람하는 것은 영국에서도 문제가 되기는 마찬가지다. 손을 타서 훼손될 위험이 크기 때문이다. 하지만 더 깊은 속을 들여다보면 다른 이유가 하나 더 보인다. 바로 관리의 편리성 때문이다. 위험은 있지만 관리자가 좀 더 세심히 살피고, 통제한다면 얼마든지 가능한 일이 될지도 모른다. 영국이라고 복잡하고 부담스러운 관리를 정말 하고 싶어 그렇게 하는 것은 아닐 것이다. 그래야 그나마 이용자에게 좀 더 양질의 경험을 줄 수 있기 때문이다. 레드 하우스의 윌리엄 모리스 벽지는 사람이 지나다니며 손길을 뻗으면 닿을 수 있는 자리에만 유리를 씌워두었다. 혹시 생길 수 있는 불상사에 대해서는 예방하되 되도록이면 관람객이 최대한 가깝게 모리스의 벽화를 느껴보라는 뜻이다. 결국 무엇을 더 중요하게 여길 것인가가 많은 것을 달라지게 한다.

Information

Red House and William Morris

Red House Lane, Bexleyheath, London,
DA6 8JF, UK

TEL: + 44 (0) 20 8304 9878

Email: redhouse@nationaltrust.org.uk

인, 베드 앤드 블랙퍼스트, 게스트하우스

Inn, Bed & Breakfast, Guesthouse

5부

오래된 시골집의 재발견
시골집이 경쟁력이다!

Country Guesthouse

➤➤➤

주말마다 서울 인근 고속도로는 지방으로 빠져나가는 차량들로 몸살을 앓는다. 도시인들은
왜 그렇게 도시를 빠져나가지 못해 안달을 내는 것일까? 거기에는 도시생활이 주지 못하는
자연의 결핍이 있기 때문이다. 시골은 누가 뭐래도 도시인들에게는 그리움의 장소일 수밖
에 없다. 끊임없이 시골을 향해 몰려오는 도시인들에게 오래된 시골집은 세련된 호텔보다
더 귀한 경쟁력이 된다. 유럽 시골은 체계화된 민박집의 운영으로 큰 호텔을 짓지 않고, 시
골의 풍광을 해치지 않으면서 도시인들을 따뜻하게 맞아주고 있다. 이제 더 이상 개발이라
는 이름으로 시골의 아름다움을 해치는 관광산업을 지속하면 곤란할 것이다. 진정으로 시
골스러워서 경쟁력을 가지는 시골집을 다시 발견해보자.

Inn, Bed & Breakfast, Guesthouse

오래된 시골집의 장점을 살린 숙박
인, 베드 앤드 블랙퍼스트, 게스트하우스

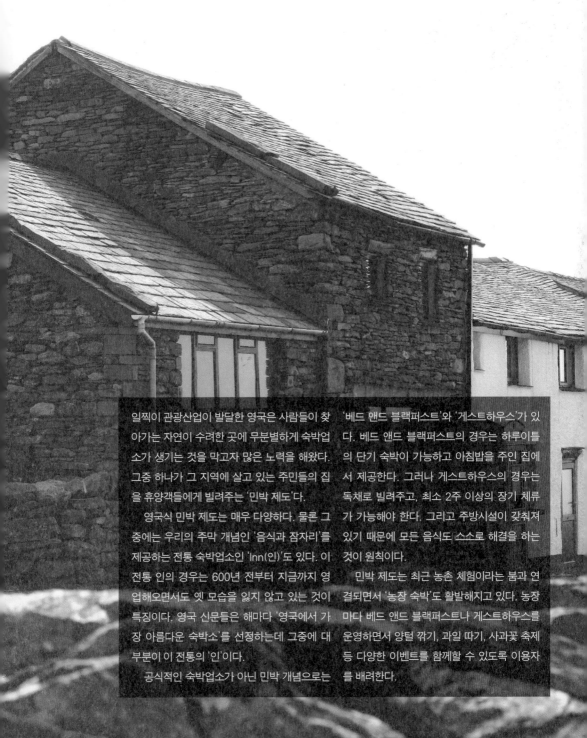

일찍이 관광산업이 발달한 영국은 사람들이 찾아가는 자연이 수려한 곳에 무분별하게 숙박업소가 생기는 것을 막고자 많은 노력을 해왔다. 그중 하나가 그 지역에 살고 있는 주민들의 집을 휴양객들에게 빌려주는 '민박 제도'다.

영국식 민박 제도는 매우 다양하다. 물론 그중에는 우리의 주막 개념인 '음식과 잠자리'를 제공하는 전통 숙박업소인 'Inn(인)'도 있다. 이 전통 인의 경우는 600년 전부터 지금까지 영업해오면서도 옛 모습을 잃지 않고 있는 것이 특징이다. 영국 신문들은 해마다 '영국에서 가장 아름다운 숙박소'를 선정하는데 그중에 대부분이 이 전통의 '인'이다.

공식적인 숙박업소가 아닌 민박 개념으로는 '베드 앤드 블랙퍼스트'와 '게스트하우스'가 있다. 베드 앤드 블랙퍼스트의 경우는 하루이틀의 단기 숙박이 가능하고 아침밥을 주인 집에서 제공한다. 그러나 게스트하우스의 경우는 독채로 빌려주고, 최소 2주 이상의 장기 체류가 가능해야 한다. 그리고 주방시설이 갖춰져 있기 때문에 모든 음식도 스스로 해결을 하는 것이 원칙이다.

민박 제도는 최근 농촌 체험이라는 붐과 연결되면서 '농장 숙박'도 활발해지고 있다. 농장마다 베드 앤드 블랙퍼스트나 게스트하우스를 운영하면서 양털 깎기, 과일 따기, 사과꽃 축제 등 다양한 이벤트를 함께할 수 있도록 이용자를 배려한다.

영국식 시골 민박 제도 (B & B, Guesthouse)

전문 숙박소인 여관, 호텔이 등장한 것은 20세기 들어서의 일이다. 역사적으로는 개인 집의 방이나 집 전체를 빌려주는 이른바 민박이 더 오래된 숙박업의 형태다. 유럽의 경우는 수도원에서 여행객들에게 잠자리와 아침을 제공했던 'Bed & Breakfast'를 그 처음 모습으로 본다.

19세기에는 도시에 사는 사람들이 시골로 휴양을 떠나는 개념이 발달했다. 그즈음 영국에서 이른바 'B & B'라는 압축어가 등장한다. 지금과 같이 인터넷이나 매체를 통해 홍보를 하는 방식이 아니라 길을 가다 보면 개인 집의 유리창에 'B & B'와 함께 방이 비어 있다는 뜻의 'vacancies' 팻말이 걸려 있고 이를 본 여행객이 문을 두드리는 방식이었다. 게스트하우스는 'B & B'와 매우 비슷하지만 여러 면에서 조금은 다르다. 일단 'B & B'가 방 한 칸을 단기간에 빌리는 형태라면, 게스트하우스는 단독 집을 빌리는 형태일 때가 많다. 그리고 'B & B'의 경우는 하루나 이틀 정도의 단기간 숙박이라면 게스트하우스는 보름 이상의 장기간 숙박을 기본으로 한다. 더불어 'B & B'는 아침식사를 제공해주지만 게스트하우스는 직접 식사를 준비해야 한다.

이렇게 개인 집에서 여행객들에게 숙소를 제공하고 일정 숙박비를 받는 제도는 특히 영국에서 발달했다. 영국은 세계에서 가장 먼저 '자연 보호 운동'이 발생했던 나라로 아름다운 휴양지의 대부분이 '자연 보호 벨트'로 지정되어 있어 무분별한 숙박소의 건축이나 거리의 확장이 불가능한 경우가 많다. 때문에 자연 환경의 보호는 철저한 대신에 휴양객들을 맞을 수 있는 숙박시설이 절대로 부족할 수밖에 없는데 이를 해결하면서도 해당 지역에 사는 주민들의 수입을 확대해주는 대안이 되고 있는 것이다.

그렇다면 우리나라의 민박 제도를 좀 더 잘 활용할 방법은 없을까? 우선은 단순히 빈 방 활용하기에 그치지 않고 시골 문화를 경험할 수 있는 기회와 민가에 묵으면서 느낄 수 있는 집주인의 친절과 정다움을 제공할 수 있어야 한다. 더불어 호텔만큼의 깨끗함과 정갈함, 여기에 디자인적으로도 고급스러운 연출법이 연구되어야 한다.

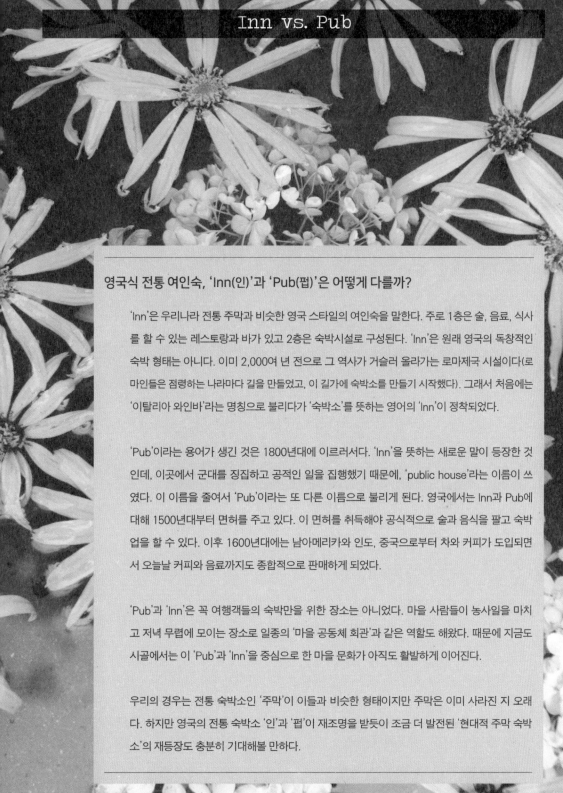

Inn vs. Pub

영국식 전통 여인숙, 'Inn(인)'과 'Pub(펍)'은 어떻게 다를까?

'Inn'은 우리나라 전통 주막과 비슷한 영국 스타일의 여인숙을 말한다. 주로 1층은 술, 음료, 식사를 할 수 있는 레스토랑과 바가 있고 2층은 숙박시설로 구성된다. 'Inn'은 원래 영국의 독창적인 숙박 형태는 아니다. 이미 2,000여 년 전으로 그 역사가 거슬러 올라가는 로마제국 시설이다(로마인들은 점령하는 나라마다 길을 만들었고, 이 길가에 숙박소를 만들기 시작했다). 그래서 처음에는 '이탈리아 와인바'라는 명칭으로 불리다가 '숙박소'를 뜻하는 영어의 'Inn'이 정착되었다.

'Pub'이라는 용어가 생긴 것은 1800년대에 이르러서다. 'Inn'을 뜻하는 새로운 말이 등장한 것인데, 이곳에서 군대를 징집하고 공적인 일을 집행했기 때문에, 'public house'라는 이름이 쓰였다. 이 이름을 줄여서 'Pub'이라는 또 다른 이름으로 불리게 된다. 영국에서는 Inn과 Pub에 대해 1500년대부터 면허를 주고 있다. 이 면허를 취득해야 공식적으로 술과 음식을 팔고 숙박업을 할 수 있다. 이후 1600년대에는 남아메리카와 인도, 중국으로부터 차와 커피가 도입되면서 오늘날 커피와 음료까지도 종합적으로 판매하게 되었다.

'Pub'과 'Inn'은 꼭 여행객들의 숙박만을 위한 장소는 아니었다. 마을 사람들이 농사일을 마치고 저녁 무렵에 모이는 장소로 일종의 '마을 공동체 회관'과 같은 역할도 해왔다. 때문에 지금도 시골에서는 이 'Pub'과 'Inn'을 중심으로 한 마을 문화가 아직도 활발하게 이어진다.

우리의 경우는 전통 숙박소인 '주막'이 이들과 비슷한 형태이지만 주막은 이미 사라진 지 오래다. 하지만 영국의 전통 숙박소 '인'과 '펍'이 재조명을 받듯이 조금 더 발전된 '현대적 주막 숙박소'의 재등장도 충분히 기대해볼 만하다.

독채를 빌려 쓰는 게스트하우스

'게스트하우스(Guesthouse)'는 직접 요리를 해먹을 수 있는 단독형 숙박 집을 말한다. 이 경우는 주방, 거실, 침실, 화장실이 있어야 하고 보통은 일주일 이상일 때만 숙박이 가능하다(일주일에서 한 달 사이로 장기 투숙을 하는 경우가 많다). 사람들은 경치가 좋은 곳의 게스트하우스를 잡은 뒤 차를 몰고 인근의 관광지에서 시간을 보낸 뒤 다시 게스트하우스로 돌아와 저녁식사를 하고 느긋하면서도 편안한 시간을 보낸다. 청소와 침구류의 교체는 요청이 있을 때만 제공된다. 완전히 독립된 형태이기 때문에 주인 집의 간섭이 거의 없는 것이 특징이다. 게스트하우스의 홍보는 개개인이 하는 것이 아니라 지방자치단체의 홈페이지를 통해 한꺼번에 소개되고, 개별 홈페이지로 이동 가능하도록 되어 있다. 예약은 대부분 인터넷으로 이뤄지지만 주인 집에 직접 전화를 걸어 예약을 하기도 한다.

영국 레이크 디스트릭트의 게스트
하우스. 위층은 주인이 쓰고, 정원
이 딸린 아래층 독채를 게스트하우
스로 빌려주고 있다.

게스트하우스의 정원. 게스트하우스의 손님은 이런 정원을
자유롭게 이용할 수 있게 된다. 숙박 중 지인들을 초대해 조
촐한 가든 파티를 하는 것도 허락된다.

옛집이기에 더욱 사랑받는 농가 숙박

농가 숙박의 가장 큰 장점은 예스러움과 시골스러움의 간직이다. 흉내낼 수 없는 고풍스러움과 추억의 옛집은 현대적인 호텔이라는 숙박소를 찾지 않고 농가 주택을 선호하게 되는 주된 원인이 된다. 어설픈 새로움을 피해야 할 이유가 여기 있기도 하다. 그러나 외관의 모습은 이렇게 옛스럽지만 내부의 인테리어는 호텔만큼이나 정갈하고 깨끗하다. 편리함은 가져가되 예스러움을 잃지 않는 두 마리의 토끼 잡기가 농가 숙박, 시골 민박의 핵심이라고 볼 수 있다.

e Yeat

House

ns en - suite

lour T.V's

★ ★ ★

: 015394

36446

Vacancies

영국 최대 휴양지인 레이크 디스트릭트의 주택. 개인이 사는 집이지만 간판에 'B & B' 간판이 걸려 있다. 이렇게 아름답게 조성된 집들의 경우는 몇 개월 전부터 예약하지 않고는 숙박이 불가능한 경우가 많다.

B & B, Guesthouse

Information

George & Dragon Inn (Clifton)

Clifton, Penrith, Cumbria, CA10 2ER, UK

TEL: + 44 (0) 1768 865381

www.goergeanddragonclifton.co.uk

클리프톤에 위치한 조이 앤드 드래곤 여인숙(George & Dragon Inn)은 영국의 일간신문 《텔레그래프》에 영국에서 가장 인기 있는 전통 여인숙으로 선정될 정도로 음식 맛이 좋고, 숙박시설이 깨끗하다. 재미있는 사실은 대대로 이어져오는 집처럼 보이지만 실은 몇 년 전 낡은 시골집을 사들여 수리를 마치고 새롭게 개업한 곳이 많다. 낡은 맛을 살리면서도 깨끗하고 정갈하게 내부를 구성한 것이 가장 큰 묘미라고 할 수 있다.

영국와 시골집에서 제공하는 숙박 제도인 'Bed & Breakfast'는 우리의 민박과 비슷한 개념이다. 그러나 그 근본 취지는 좀 다르다. 단순히 숙박을 제공하는 관점이 아니라 주인의 생각과 문화를 보여주려고 노력한다. 예를 들면 우리집 표 정원, 세상 어디에도 없는 가장 예쁜 정원을 만들려고 늘 노력한다. 또 깨끗한 침구류와 인테리어는 물론이다.

숙박소에서 제공하는 아침식사는 대부분 직접 재배한 채소와 과일 그리고 인근에서 직접 만든 수제 소시지와 베이컨 등을 이용해 진심을 담아 만든다. 음식을 먹는 동안 집주인은 직접 찾아와 눈인사를 나누며 잠자리가 편했는지 등을 꼼꼼히 묻기도 한다. 결국 내 집보다 더 편안하고 즐겁고 그곳의 문화가 그대로 느껴지는 곳이 바로 'B & B'의 가장 큰 강점이 된다.

Inn, Bed & Breakfast, Guesthouse

B & B와 게스트하우스 운영, 찾기, 예약하기

영국 농가 숙박의 운영, 찾기, 예약 제도는 매우 체계적이다. 마을마다 민박을 운영해주는 업체(우리 식으로는 군이나 면에서 관리를 대행)가 따로 있다. 마을의 사람들이 민박을 신청하면 민박 운영 업체는 현장을 방문하고 사진을 찍는다. 물론 민박의 수준이 현격하게 떨어질 경우는 개선을 먼저 권장하고 그 요령을 조언하기도 한다. 민박 운영 업체는 이렇게 회원 민박집을 모은 후에 홈페이지에 올리고 각각의 민박집을 홍보한다. 때문에 민박집 스스로가 개별 홈페이지를 만드는 부담에서 벗어날 수 있다. 물론 이런 업체는 예약당 숙박비의 일정 비율을 수수료로 가져갈 수 있다. 관에서 대행

해줄 경우에는 시나 도의 홈페이지에 숙박소를 소개해주는데 그 숙박소를 클릭하면 개별 숙박소의 홈페이지와 바로 연동된다.

소비자 입장에서는 인터넷 검색 사이트에 머물고 싶은 마을 이름과 게스트하우스, B & B라는 검색어를 넣게 되면 마을의 공동 운영 사이트와 개별 민박집의 홈페이지가 등장한다. 농가와 직접 연결하여 예약하기도 하지만, 운영 업체를 이용하게 될 경우에는 사전 전액 지불이 아니기 때문에 계약금만으로도 예약이 가능하다. 더불어 취소와 환불도 용이하기 때문에 공동 운영 사이트를 이용하는 것도 좋은 방법이다.

가든 디자이너 오경아가 안내하는 정원의 모든 것!

품고 있으면 정원이 '되는' 책!
〈오경아의 정원학교 시리즈〉

· 가든 디자인의 A to Z

정원을 어떻게 디자인할 수 있는가? 정원에 관심이 있는 일반인은 물론 전문적으로 가든 디자인에 입문하려는 이들에게 꼭 필요한, 가든 디자인 노하우를 알기 쉽게 배울 수 있다.

정원의 발견 식물 원예의 기초부터 정원 만들기까지
올컬러(양장) | 185·245mm | 324쪽 | 23,000원

가든 디자인의 발견 거트루드 지킬부터 모네까지
유럽 최고의 정원을 만든 가든 디자이너들의 세계
올컬러(양장) | 185·245mm | 356쪽 | 27,500원

식물 디자인의 발견
계절별 정원식물 스타일링 | 초본식물편 |
올컬러(양장) | 135·200mm | 344쪽 | 20,000원

· 정원의 속삭임

작가 오경아가 들려주는 생각보다 가까이 있는 정원 이야기로 읽는 것만으로도 힐링이 되는 초록 이야기를 들려준다.

정원의 기억 가든디자이너 오경아가 들려주는 정원인문기행
올컬러(무선) | 145·210mm | 332쪽 | 20,000원

시골의 발견 가든 디자이너 오경아가 안내하는
도시보다 세련되고 질 높은 시골생활 배우기
올컬러(무선) | 165·230mm | 332쪽 | 18,000원

정원생활자 크리에이티브한 일상을 위한 178가지 정원 이야기
올컬러(무선) | 135·198mm | 388쪽 | 18,000원

정원생활자의 열두 달 그림으로 배우는 실내외 가드닝 수업
올컬러(양장) | 220·180mm | 264쪽 | 20,000원

소박한 정원 꿈꾸는 정원사의 사계
145·215mm | 280쪽 | 15,000원

강원도 속초시 중도문길 24
오경아의 정원학교에서 만나요!

설악산이 보이는 아름다운 중도문 마을에 자리하고 있는 오경아의 정원학교에서는 정기적으로 이론과 실습이 함께 구성된 정원 디자인 & 가드닝 강좌가 열립니다. 원예와 정원의 초보자는 물론 관련 전공자도 자신에게 필요한 분야를 찾아들을 수 있도록 주제별로 수업을 나누었고, 강의 난이도 역시 초급, 중급, 고급 수준으로 선택 가능합니다. 설악산과 동해바다의 자연이 함께하는 정원학교 수업들은 단순한 전문 지식의 습득 차원을 넘어선 힐링 프로그램으로 정원의 진정한 의미와 삶의 여유를 만끽하게 할 것입니다.

· 홈페이지 : http://blog.naver.com/oka0513
· 강좌문의 : ohgardendesign@gmail.com

시골의 발견

1판 1쇄 펴냄 2016년 4월 8일
1판 6쇄 펴냄 2023년 3월 2일

글 · 그림 오경아
사진 임종기

주간 김현숙 | 편집 김주희, 이나연
디자인 이현정, 전미혜
영업 · 제작 백국현 | 관리 오유나

펴낸곳 궁리출판 | 펴낸이 이갑수

등록 1999년 3월 29일 제300-2004-162호
주소 10881 경기도 파주시 회동길 325-12
전화 031-955-9818 | 팩스 031-955-9848
홈페이지 www.kungree.com | 전자우편 kungree@kungree.com
페이스북 /kungreepress | 트위터 @kungreepress
인스타그램 /kungree_press

ISBN 978-89-5820-371-1 03520